インプレスR&D [NextPublishing]

技術の泉 SERIES

E-Book / Print Book

# Extensive Xamarin

## ―ひろがるXamarinの世界―

榎本 温
杉田 寿憲
中村 充志
平野 翼
久米 史也
松井 幸治
著

Xamarinや.NETのネイティブ組み込み技術から
Plugins for Xamarinの基本、
海外カンファレンスのセッショントークTipsまで!

impress R&D
An impress Group Company

# 目次

はじめに …… 6

本書の構成について …… 6

免責事項 …… 6

底本について …… 6

第1章　Embeddinator-4000の設計と実装 …… 7

1.1　Embeddinator-4000とは何か? …… 7

「Xamarinをネイティブで使う」いろいろな技術 …… 7

アプリケーションと実行環境のバンドル …… 8

Embeddinator-4000でできること …… 8

1.2　Embeddinator-4000の使い方 …… 9

ツールをセットアップする …… 9

ツールを実行してライブラリをビルドする …… 9

簡単な使用例 …… 10

1.3　Embeddinator-4000の前提となるXamarinプラットフォームの仕組み …… 13

embedded mono …… 13

Mono/.NETランタイムのホスティング …… 13

Android …… 14

Xamarin.Androidとサポート対象CPUアーキテクチャ …… 20

Embeddinator-4000で生成されるAndroid実装コード …… 20

Embeddinated APIから呼ばれるJavaバインディング …… 23

iOSサポート …… 25

1.4　Embeddinator-4000のユースケース …… 30

1.5　まとめ …… 31

第2章　Xamarin.Macアプリケーションの配布方法 …… 32

2.1　はじめに …… 32

アプリケーションの配布方法の種類 …… 32

2.3　App Storeでの配布 …… 33

概要 …… 33

アプリケーション配布 …… 33

アップデート …… 33

アプリケーション内課金 …… 33

Game Center …… 34

サンドボックス化 …… 34

App Sandboxを使用するアプリケーションの設計 …… 36

ストア審査 …… 36

2.4　App Store外での配布 …… 40

概要 …… 40

アプリケーション配布 …… 41

アップデート …… 41

アプリケーション内課金 …… 42

サンドボックス化……42

2.5　配布方法の選択……42
アプリケーションと配布方法の事例……43

2.6　証明書と署名……44
Mac Development Certificate……44
Mac App Store Certificate……44
Developer ID Certificate……44
署名方法……45

2.7　パッケージ……45
アプリケーションバンドル……45
インストーラパッケージ……46
ディスクイメージ……47

2.8　まとめ……48

第3章　Plugins for Xamarin & Unit Test……49

3.1　はじめに……49

3.2　Plugins for Xamarin 概要……49

3.3　Plugins for Xamarinの仕組み……50
Text To Speech Pluginソリューション解説……51
アプリケーション ソリューション解説……54
個別プラットフォーム 配置時解説……55
Bait and Switch まとめ……57

3.4　Bait and Switch と Unit Test……58
問題点と対策方針……58
BusinessLogic クラスにITextToSpeechの注入……60
DI コンテナの初期化と公開……61
View において DI コンテナから BusinessLogic インスタンスの取得方法……62

3.5　その他注意事項……63
個別プラットフォーム別クラスの生成処理が重い場合……63
Cross～クラスが存在しない場合……65

3.6　まとめ……68

第4章　MonkeyFest2017 参加レポート……69

4.1　あらまし……69

4.2　Call For Paperへの応募……69
Talk Abstract……69
Talk Description……70
Notes……70
Attributes……70

4.3　採択まで……71
2017/05/15……71
2017/06/01……71
2017/06/02……72
2017/07/04……72

4.4　セッションの準備……74

発表の流れ …… 74
スライド …… 76
発表者ノートとデモンストレーション …… 77

4.5 イベント …… 78
2017/09/21 …… 78
2017/09/22 …… 78
2017/09/23 …… 79
2017/09/24 …… 79

4.6 まとめと所感 …… 80

4.7 Appendix …… 80
A. The First Mac App …… 80
B. Cocoa Binding …… 82
C. TableViewDataSource …… 87

第5章 世界を広げるMicrosoft Cognitive Services …… 90

5.1 Microsoft Cognitive Servicesとは？ …… 90
どんなことをしてくれるサービスなの？ …… 90
Microsoft Cognitive Servicesはどこで使われているの？ …… 90
Microsoft Cognitive Servicesにはどのようなサービスがあるの？ …… 91

5.2 Microsoft Cognitive Servicesの利用開始とサンプルコード …… 92
Microsoft Cognitive Servicesを体験する2つの方法 …… 92
Microsoft Cognitive ServicesをXamarin.Formsと繋げる …… 95

5.3 終わりに …… 97

第6章 IL2Cプロジェクト …… 98

6.1 IL2Cとは何か? …… 98

6.2 IL2CのProsとCons …… 98
Pros …… 98
Cons …… 99

6.3 IL2Cプロジェクトを始めた背景 …… 99
IL2CPPのようなトランスレータ技術についての興味 …… 99
マルチプラットフォーム移植性から感じること …… 100
.NET Coreのマルチプラットフォーム展開 …… 100

6.4 IL2C設計上の留意点 …… 101
予測可能なCのコードが出力されること …… 101
複雑な自動コードを生成するなら諦める …… 103
相互運用性を重視する …… 104
全部をやらない …… 104
少なくとも計算だけで成り立つILは変換可能にする …… 104
高い移植性 …… 105
ALMを考える …… 105

6.5 IL2Cの実装 …… 105
ILのパース …… 106
IL → Cへの変換プロセス …… 109
マルチプラットフォームに対応するための留意点 …… 111
ストレージサイズに関する細かな相違の吸収 …… 111
名前空間名・型名・メンバ名 …… 112

評価スタックとフロー解析……113
ガベージコレクタの実装……123
P/Invokeの実現……132
6.6 IL2Cの展望……135
6.7 まとめ……136

著者紹介……137

# はじめに

Extensive Xamarinは、前著「Essential Xamarin」に続くクロスプラットフォーム開発環境Xamarinについての解説書です。前作がXamarinの最新情報をもとに基本を押さえる内容でしたが、2018年1月現在Xamarin関係の商業書籍が増えてきた中、本書では前作を踏まえて「総論ではない」「一歩先の」「深い」話をまとめています。

本書には、Xamarinが「外側に出ていく」ための記事を収録しています。.NETのコードをJavaやObjective-Cのプロジェクトで使用する「Embeddinator-4000」の解説、Xamarin.Macアプリケーションを作成した後に誰もが悩むであろうその配布方法、クロスプラットフォーム開発の可能性を拡大する「Plugins for Xamarin」の基本やDIコンテナを用いたユニットテスト手法、「Microsoft Cognitive Service」にXamarinを繋げるための道筋、そして変わり種として海外のXamarinカンファレンスに出てセッショントークをこなすためのさまざまなTipsが、この1冊にまとめられています。

本書の読者のみなさんが、Xamarinの技術やXamarin技術者の可能性の広がりを感じとることができれば、さらには自ら実践までできるようになれば幸いです。

執筆者代表　榎本 温

## 本書の構成について

本書はTechBooster[1]が公開しているFirstStepReVIEW[2]を利用しています。

## 免責事項

本書に記載された内容は、情報の提供のみを目的としています。したがって、本書を用いた開発、製作、運用は、必ずご自身の責任と判断によって行ってください。これらの情報による開発、製作、運用の結果について、著者らはいかなる責任も負いません。

## 底本について

本書は技術系同人誌即売会「技術書典3」で頒布された『Extensive Xamarin』の内容をもとに加筆・修正を行ったものです。

1.https://techbooster.org/

2.https://github.com/TechBooster/C89-FirstStepReVIEW-v2

# 第1章　Embeddinator-4000の設計と実装

## 1.1　Embeddinator-4000とは何か?

「Embeddinator-4000」は、Mono上で動作するライブラリやXamarinで作成されたライブラリを、各プラットフォームで使用できるライブラリとしてパッケージできるようにする、相互運用のための技術です。アプリケーションは全体としてはプラットフォームネイティブで作成しつつ、必要に応じてMonoやXamarinで実装した機能を「呼び出す」ことができるようになります。

（なお、本稿では特に省略せずにEmbeddinator-4000と記述しますが、「e4k」などと表記されることもあります。）

### 「Xamarinをネイティブで使う」いろいろな技術

Xamarinの世界では、特に2017年になって「ネイティブのコードを使う」ための技術がいくつか登場し、混乱を招きやすい状態になっているので、少し整理しましょう。

1) Native Embedding（Xamarin.Forms）

これは、Xamarinネイティブ（プラットフォーム固有）のコントロールをXamarin.FormsのLayoutの子として追加できるようにした技術です。これによって、Xamarin.Formsの共通コントロールをPCLとして（bait and switchのような技術を使用して）パッケージしなくても、直接プラットフォーム固有のコントロールとして埋め込めることになります。

2) Forms Embedding（Xamarin.Forms）

これは、Xamarin.FormsのページをXamarinネイティブ（プラットフォーム固有）のUIコントロールとして追加できるようにした技術です。ちょうどNative Embeddingとは逆向きの機能だといえます。Xamarin.Formsで書いてしまったビューがあるけど、どうしてもXamarinネイティブのプロジェクトで使いたい、という場合に、逃げ道として採用できる技術です。

3) Embeddinator-4000 (.NET Embedding)

本章で論じる技術はこちらで、Xamarinプラットフォーム用に書かれたコードを、プラットフォームネイティブ言語のライブラリとして利用できるようにするものです。Xamarin.Formsと直接の関係はありませんが、Xamarin.FormsはXamarinプラットフォーム上で動作するライブラリであり、基本的にはEmbeddinatorの対象となるものです（ただし2017年11月の時点で公開されているバージョン0.3.0ではPCLの参照解決はうまくできていません）。

2017年11月に行われたMicrosoft Connect(); 2017ではEmbeddinator-4000のことを「.NET Embedding」という馴染みのない表現で紹介されていましたが、これがどれくらい通用するかはまだ分からず、この混乱にさらに拍車をかけそうな気もするので、本稿ではEmbeddinator-4000の呼称を用いることにします。

### アプリケーションと実行環境のバンドル

.NETが誕生し発展してきたWindowsの世界ではあまり一般的ではありませんが、ネイティブコードに変換しないタイプのプログラミング言語とその前提となる実行環境では、その上で動作するアプリケーションをネイティブアプリケーションとしてパッケージして配布する仕組みが、しばしば用意されています。

これらの全てではありませんが、このようなパッケージ化の技術の多くは「実行環境をアプリケーションに同梱して配布する」仕組みになっています。実行環境がプロプラエタリーで自由に配布できない場合（ここでは「ランタイムが自由なソフトウェアで、かつ実行時にプロセスがランタイムと一体になるために、自由なソフトウェアとして配布されることを避けたい場合」なども含みます）は別として、一般的にはこのアプローチがもっともシンプルです。

Monoの世界には、mkbundleというツールが存在しており、monoランタイムとmscorlib.dllなどのフレームワークアセンブリ、アプリケーションのアセンブリをまとめて、実行時にこれらを展開してロードする仕組みが以前から備わっていました。つまり、表層的には、.NETアプリケーションをネイティブアプリケーションであるかのように振る舞わせることが可能だったのです。

また、iOSに関しては、Xamarin.iOSはマネージドコードをAOT（事前）コンパイルによってネイティブコードに変換して実行するものであり、これはマネージドコードをネイティブライブラリそのものに変換する技術です。（この点では、同じObjective-Cを基盤とする技術でも、Xamarin.iOSとXamarin.Macは大きく異なりますが、特にデスクトップ・フレームワークで動作するXamarin.MacはMonoのデスクトップアプリケーションと同じであり、特別に難しいことは何もありません。）

Embeddinator-4000の場合、この観点では、Mono/Xamarin向けライブラリは、ネイティブライブラリとしてmonoランタイムと一緒にパッケージされて配布できるようになったものである、といえます。

### Embeddinator-4000でできること

もちろん、単にmonoランタイムとマネージドコードのライブラリをバンドルするだけでは、そのまま呼び出せるかたちになりません。ネイティブプラットフォーム言語向けのAPIも用意する、というのがEmbeddinator-4000の重要な仕事です。

当初、Embeddinator-4000はMonoランタイムで動作するデスクトップアプリケーションのみを前提として開発されていましたが、2017年8月の時点でAndroid用のJava APIとiOS/macOS

用のObjective-C APIも自動生成できるようになっています。さらに11月の開発中のバージョンではSwiftのコードも生成できるようになっています。ただし、まだプレビュー段階であり、また正式に「使える」ものとされているのはAndroid用のJavaのみです。生成されるAPIおよび実装については、以降の節でもう少し詳しく見ていきます。

## 1.2 Embeddinator-4000の使い方

### ツールをセットアップする

2017年11月の時点では、Embeddinator-4000はコンソール・ツールであり、ユーザーがコマンドラインから実行して使用することが前提になっています。入手経路は主にふたつあります。

1. NuGetでパッケージをインストールする
   こちらがもっとも一般的な方法でしょう。Visual Studio（for Windows / for Mac）などでプロジェクトを開き、NuGet packagesのダイアログを開いて "Embeddinator" を検索すると出てくるはずです。これを追加して、NuGetパッケージのダウンロードとインストールが成功すると、ソリューションのpackagesディレクトリに`Embeddinator-4000.0.3.0`のようなサブディレクトリが作成されているはずです。これがパッケージの内容を全て含んでおり、`tools/MonoEmbeddinator4000.exe`などが実行すべきツールとなります。
   本稿執筆時点での最新バージョンは`0.3.0`です。
2. https://github.com/mono/Embeddinator-4000をチェックアウトしてビルドする
   Embeddinator-4000はオープンソースであり、ソースからビルドして使うこともできます。ソースをチェックアウトして`build.sh`を実行するだけで、（ビルドが成功すれば）`build/lib/Release/MonoEmbeddinator4000.exe`などがビルドされます。ビルドにはCakeが必要で、内部的にはさらにdotnetコマンド（dotnet/cli）を使用しているので、これらが動作することが前提です。
   なお、xamarin-androidと組み合わせて、Linux上でも使うことが可能であるのが理想ですが、xamarin-androidが内部的に使用している xamarin-android-tools というリポジトリのコードが Embeddinator-4000 で使用しているものと適合しておらず、古い製品版Xamarin.Androidのセットアップが必要になっているのが2017年11月時点での現状です（つまりLinux環境ではまだ修正を加えないと使えません）。
   githubのソースは日々開発者がチェックインしているものであり、ビルドしても通らないこともしばしばあります（筆者も本章の初版をまとめていたときは最新のmasterがビルドせずに難儀したものでした）。

### ツールを実行してライブラリをビルドする

コマンドラインツールを実行してライブラリをビルドします。このとき、実は**言語によって**

**実行するツールが異なります。**CおよびJavaではMonoEmbeddinator4000.exe、Objective-Cではobjcgen.exeとなります。それぞれ次のようなコマンドを実行します。パスはNuGetパッケージでインストールした場合を想定しているので、ソースからビルドした場合は適宜変更してください。

1. C (Linux)

```
mono packages/Embeddinator-4000.0.2.0.80/tools/Embeddinator-4000.exe
    -platform=Linux -gen=c -c project/bin/Debug/MyLibrary.dll
```

2. Java (Android)

```
mono packages/Embeddinator-4000.0.2.0.80/tools/Embeddinator-4000.exe
    -platform=Android -gen=Java -c project/bin/Debug/MyLibrary.dll
```

3. Objective-C (macOS)

```
mono packages/Embeddinator-4000.0.2.0.80/tools/objcgen.exe
    -platform=macOS -gen=Obj-C -c project/bin/Debug/MyLibrary.dll
```

Objective-Cのobjcgen.exeの例ではplatform引数にmacOSを指定しましたが、iOSを指定することもできます。

なお、オプション-cはコンパイラを呼び出してライブラリをビルドするところまで行うためのものですが、Cコンパイラの呼び出しには、WindowsではMSVC、Macではclang、Linuxではgccを利用します。ちなみに、Androidについては、Android NDKを使用してネイティブライブラリをビルドしているので、Linux上で-cを指定しても正しく動作するはずです（ただし、前述の理由により、まだ利用できません）。

### 簡単な使用例

Embeddinator-4000のライブラリ生成処理が完了すると、対象プラットフォームに対応したAPIを含むライブラリのソースが生成されます。コンパイルも行うようにしていれば、ビルド処理も行われ、Androidならaar、macOSならframeworkやdylib、といった、各プラットフォームに対応するライブラリが出力されます。

ここではCのAPIを具体的なコードで生成してみましょう。まず次のようなC#ソースを用意します。

```
public class MyLibrary
{
    public string Hello (string input)
    {
        return "Hello, " + input;
```

```
    }
}
```

極めて単純なHelloメソッドを含むライブラリです。これをcscでコンパイルします。

```
$ csc -t:library MyLibrary.cs
```

このDLLからCのAPIを生成します。`-p Windows`と指定している部分はとりあえずおまじないと思っていても大丈夫です。（プラットフォーム指定オプションは必須なのにLinuxなどが指定できないため、こう指定しています。）

```
$ mono --debug /.../MonoEmbeddinator4000.exe --gen=C -p Windows
MyLibrary.dll
Parsing assemblies...
    Parsed 'MyLibrary.dll'
Processing assemblies...
Generating binding code...
    Generated: MyLibrary.h
    Generated: MyLibrary.c
    Generated: c-support.c
    Generated: c-support.h
    Generated: embeddinator.h
    Generated: glib.c
    Generated: glib.h
    Generated: mono-support.c
    Generated: mono-support.h
    Generated: mono_embeddinator.c
Generated: mono_embeddinator.h
```

ここでは`-c`オプションを指定していないため、生成したCソースをコンパイルする作業は行われていません。生成された`MyLibrary.h`の内容を抜粋します。（紙面に合わせて適宜改行しています）

```
MONO_EMBEDDINATOR_BEGIN_DECLS

typedef MonoEmbedObject MyLibrary;

MONO_EMBEDDINATOR_API MyLibrary* MyLibrary_new();
MONO_EMBEDDINATOR_API const char* MyLibrary_Hello(MyLibrary* object,
\
```

```
    const char* input);

MONO_EMBEDDINATOR_END_DECLS
```

MyLibraryオブジェクトを生成する`MyLibrary_new()`、そのHelloメソッドを呼び出す`MyLibrary_Hello()`が定義されていることが読み取れます。`FooBar_new()`や`FooBar_instance_method()`といった関数は、C言語でよくあるオブジェクト指向のスタイルです。`MyLibrary.c`にはこの実装が含まれていますが、内容は割愛します。

実際にこのAPIを使ってみましょう。次のようなCのコードを作成します。

```
#include <stdio.h>
#include <MyLibrary.h>

void main (int argc, char **argv)
{
   MyLibrary *obj = MyLibrary_new();
   puts (MyLibrary_Hello(obj, argv[1]));
   mono_embeddinator_destroy_object(obj);
}
```

先のヘッダファイルに`mono_embeddinator_destroy_object()`は出てきませんでしたが、これは自動生成される（というよりコピー出力される）`mono_embeddinator.h`で定義されています。newに対するdeleteと考えてよいです。

このソースを含む全体をコンパイルしてみましょう（通常はいったんEmbeddinator-4000に`-c`オプションを指定してlibMyLibrary.aなどをビルドして使いますが、今回は`-c`が使えない環境でも利用できることを示すため、ソースから全部まとめてビルドします）。コンパイラはgccでもclangでもその他何でもかまいませんが、monoの開発用パッケージのファイルを使うので少々特殊な引数（pkg-configの実行結果など）が必要です。

```
$ gcc -I . *.c ‘pkg-config --cflags mono-2‘ ‘pkg-config --libs
mono-2‘ -o app
```

これで`app`という実行可能ファイルが生成されました。実行してみましょう。

```
$ ./app Hogehoge
Hello, Hogehoge
```

このように出力されれば成功です。

iOSやAndroidの場合も、これらをソースからビルドすることは可能ですが、Embeddinator-4000

がビルドするライブラリを使用したほうが簡単でしょう。

## 1.3 Embeddinator-4000の前提となるXamarinプラットフォームの仕組み

さて、以降は生成されたライブラリについて説明したいところですが、これを理解するためには、まずMonoとXamarinに関するさまざまな技術的背景について説明する必要があります。

Xamarinアプリケーション開発者は、.NETの中でもかなり高レベル部分のみを利用していることが多いため、必ずしもその基盤になっているMonoや.NETに関する知識、あるいは自分たちが使用しているiOSやAndroidといったプラットフォームに関する知識が身についていない状態で開発を行っていることがあります。Embeddinator-4000を理解する過程で、いったんこれらプラットフォームに関する理解を深めておくのも悪くないでしょう。

### embedded mono

XamarinはMonoランタイムを使用してCILコードを実行しています。.NETのコア・ライブラリはC#で実装されていますが、CILを解釈して実行するランタイムはCで書かれています。そしてこのランタイムは、単なる実行可能プログラム（mono、あるいはmono.exe）だけではなく、ライブラリlibmonoとしても利用可能なのです。

.NETプログラムの実行方法は、実のところコンソールアプリケーションのように、コンソールから引数を渡されて実行する方式とは限りません。.NETプログラムの「ホスティング」は、任意のネイティブプログラムから行うことができます。たとえば、ASP.NET Webアプリケーションのホスティングは IIS上から行うことができます。Silverlightのxap形式のアプリケーションはブラウザプラグインからホストされます。VSTO（Visual Studio Tools for Office）も独自のCLRホスティングによって.NETのコードを実行します。

Monoランタイムも、プラットフォームのネイティブプログラムからホストすることが可能です。monoはC言語で書かれており、C言語で書かれたライブラリは比較的簡単に他のライブラリや言語環境から利用できます（これがC++で書かれていると話は非常にややこしくなります）。libmonoとして使用できるAPIと開発環境をembedded mono（組み込みmono）とも呼びます。

### Mono/.NETランタイムのホスティング

.NETのCLRにしろ、Monoランタイムにしろ、ホスティングは大まかに次のステップを経て行われます。

1. ロードするフレームワークの決定（SilverlightやXamarinなど、実行プラットフォームによって自動的に決定するものを除き、デスクトップ環境などでは対象フレームワーク・バージョンがCILのメタデータや環境変数によって決定されます。)

2. mscorlibのロード
3. machine.configなどのロード
4. AppDomainの生成(AppDomainのAPIがサポートされない環境もありますが、複数のAppDomainを構成できない環境でも、通常は単一のAppDomainを内部的に使用することでしょう。)
5. アセンブリのロード(アセンブリにはバージョン指定なども含まれており、使用するフレームワークに合わせたものをロードする必要があります。また、環境変数MONO_PATHの指定なども、ロードするアセンブリの決定に影響します。)
6. CILの実行(実行するメソッドがCILから実際にロードされJITされて実行されるのはこの段階です。)

これらはembedded monoのAPIによって個別に呼び出すことができます。

いったんCILが実行されるフェーズまでセットアップが完了したら、後はどのようにコードを実行するかはホストアプリケーション次第です。通常のコンソールアプリケーションをホストするだけなら、staticなMainメソッドをエントリポイントとして1回だけ実行して終わります。ホスト側は`mono_method_invoke()`というembedded monoの関数を1度呼び出すだけでしょう(もちろんこの関数から内部的に同じ`mono_method_invoke()`がサブルーチンを処理するために呼び出されたりすることでしょう)。

コンソールアプリケーション以外では、CILコードがどのように呼び出されるかは、それぞれのアプリケーションによります。IISにホストされているASP.NETアプリケーションであれば、IISからリクエストが伝達される度に、HttpRuntimeなどフレームワーク型のAPIが呼び出されて実行することになるでしょう。iOSはMainエントリポイントから実行するプログラムのスタイルなので、比較的コンソールアプリケーションに近いものです。Androidの場合は、embedded monoからの.NETコードの呼び出しは何度も発生します。(詳しくは以降の節で解説していきます。)

### Android

Androidプラットフォームの標準的な言語はJavaです。[1]

Embeddinator-4000では、Android環境用に.NET APIに対応するJava APIを自動生成します。最終的に、Embeddinator-4000で生成されたライブラリは、Androidプラットフォームの標準的なaarとしてアプリケーションで参照できるようになっています。Embeddinator-4000が想定しているAndroidサポートの最終的な利用形態は、Android Studioなどで作成するJavaベー

1.Kotlinを使う人もいると思いますが、Javaにトランスレートされるものと考えて、ここではJavaの一部とみなして説明します。

スのAndroidプロジェクトにおいて、.NETで実装されたコードを動作させることです。

### 標準的なAndroidアプリケーションのビルドと実行

Embeddinator-4000でビルドされたライブラリを使用するためには、まずはJavaベースのAndroidプロジェクトがどのように作成され動作しているかを知る必要があります。ここでは、以降の説明のために、標準的なAndroidアプリケーションの作り方について、以降の説明に関わる範囲で、ごく簡単にまとめておきましょう。

2017年現在、AndroidアプリケーションはAndroid Studioで開発するのが一般的です。開発言語は一般的にはJavaですが、先進的な開発者の環境ではKotlinが使用されることもあります。GoogleはKotlinを使用して開発ツールを作成しているようです（たとえばdata-bindingの実装など）。

AndroidプロジェクトのビルドシステムにはGradleが使用されています。GoogleはさまざまなビルドタスクをGradle上で実装しており、またInstant Runなどの諸機能もGradleタスクとして実装し、これらはビルド時の依存関係処理が重要であるため、筆者の考えではこれらがGradleから切り替わることは（少なくとも当面は）無いでしょう。

Androidのライブラリのエコシステムは、jarまたはaar（Android ARchive）をMavenのリポジトリであるjcenterに集約するかたちで形成されています。jarにはJavaクラスしか含められませんが、aarにはjarを含めるほかに、Androidリソース、アセット、ネイティブライブラリ、AndroidManifest.xmlなどを含めることもできます。Gradleのビルドスクリプトでは、ライブラリ名とバージョン番号を記述しておけば、後は勝手にダウンロードされてビルドに含まれるようになっています。もちろん、ライブラリはjcenter以外で独自に配布することも可能です。

Androidアプリケーションをビルドすると、apkというzipアーカイブになります（このときzipalignというバイト境界調整ツールが適用されているので、ファイルはそのまま解凍して読めるとは限りません）。このapkファイルに含まれるJavaプログラムは、Javaのclassファイルではなく、Dalvik Bytecodeと呼ばれるフォーマットに沿ったコード・アーカイブに変換されています。

### Androidアプリケーションでネイティブライブラリを使う

Androidの一般的なアプリケーションはJavaとKotlinのみで作成されていますが、Androidアプリケーションではネイティブライブラリを使用することもできます。Android自体はLinux Kernelに基づき、libc APIを提供しています。Unix環境で作成されたCやC++のライブラリであれば、Android NDK（Native Development Kit）を使用してビルドすることで、Android上でも動作するネイティブライブラリとして使える可能性が十分にあります。

（Xamarin.Androidはembedded monoの仕組みに基づいており、libmonoはネイティブライブラリなので、Androidでネイティブライブラリを使用できることは、存在の大前提となるレベルの必須条件です。）

Android NDKはclangとgccに基づくクロス・コンパイラー・ツールチェインの集合体で、x86_64のデスクトップ環境（Windows/Mac/Linux）でarmeabi、x86、mipsなどの（Androidの）CPUアーキテクチャ用のネイティブコードを生成できます。ネイティブライブラリを使用することで、そのアプリケーションは、ネイティブライブラリの対象外のCPUアーキテクチャ上では動作しなくなります。Dalvik bytecodeはプラットフォーム中立であり、これがAndroidでJavaを使う大きな理由のひとつです。

AndroidのJava VMに相当するのは、Dalvik bytecodeを実行するDalvikあるいはARTです。これらはJNIをサポートしており、Android NDKでビルドしたライブラリはこのJNI経由でJavaのコードから利用できます。

Javaからネイティブコードを利用する場合は、Javaクラス上にnativeメソッドを定義し、JNIに基づくライブラリとして対応するネイティブコードを自分で定義して実装します。

```
boolean native foo(...)
```

JNIは.NET開発者にとってのP/Invokeのようなものですが、対応するネイティブコードを作成しなければならないのが、（面倒であるだけでなく）アプリケーションの実装者に複数プラットフォーム対応を要求する点で、P/Invokeより不親切なところです。（Javaでも将来的にはこの辺の問題がProject Panamaで改善するかもしれません。ただしAndroidで実現するかどうかは不明です。）

逆に、ネイティブコードからJavaのメソッドを呼び出したい場合は、JNIに存在するJNIEnv（C++ならクラス）を使用します。後述しますが、Xamarin.Androidはこのnativeメソッドと JNIEnvをふんだんに使用しています。

```
((JNIEnv) env)->CallVoidMethod(klass,...)
```

Android NDKではndk-buildというビルドスクリプトを使用するのが一般的ですが、Unix環境で使用されてきたライブラリをビルドする場合など、状況によってはautotoolsなどを使用する方法も（煩雑ですが）可能です。

#### Androidアプリケーションの実行

Androidはアプリケーション実行フレームワークとしては珍しく、全てがJavaという仮想マシン言語で実装されて動いています。AndroidアプリケーションはZygoteと呼ばれるJavaのプロセスです（正確にはDalvikあるいはARTという仮想マシンランタイム上で動作するDalvik bytecodeが実行されるプロセスなのですが、毎回こう書くのは面倒なので、以降も単にJavaと記します）。

Androidが動作しているLinux kernelでは、ひとつのプロセスを「forkして」、同じメモリ内容を前提としたまま、新しいプロセスを作成することができます。Androidアプリケーションは、Android OS上で動作している唯一のZygoteサービスプロセスからforkするかたちで、プロセスを形成します。(Linux kernelのforkについては、copy on writeという機能が備わっており、メモリ内容に対する書き込み命令が発生した時点で、そのぶんのメモリをプロセスごとに確保しています。)

ActivityManagerServiceというサービスが、ユーザーからの指示やデバッグ接続ホストからのリクエストに基づいてアプリケーションを起動しますが、いったん起動したアプリケーションの開始から終了までの流れはActivityThreadというクラスが担います。ActivityThreadは、アプリケーションのAndroidManifest.xmlを解析しながら、指定されたContentProviderをインスタンス化したり、Applicationをインスタンス化したり、main launcherとなるActivityがあれば（一般的にはあります）それをインスタンス化したりします。

このAndroidアプリケーションのライフサイクルについては、『Androidを支える技術〈II〉――真のマルチタスクに挑んだモバイルOSの心臓部（WEB+DB PRESS plus)』（有野和真氏著、技術評論社、 JAN: 9784774188614）で詳細に解説されています。

### Xamarin.Androidの相互運用

Xamarin.Androidは、このような純粋なJavaアプリケーションのプロセスの中で、Monoランタイムも使用して.NET CILも実行できるようにしてしまおうというものです。ネイティブコードとしては、libmonoの上に前述のJNIを使用した相互運用レイヤーを実装したjava-interopおよびlibmonodroidというモジュールを使用しています。

Xamarin.Androidでユーザーが作成するアプリケーションのコードは、2種類に分類されます。(A)Android APIの実装メソッド（コンストラクタやプロパティのgetterとsetterも含む）と、(B)それ以外の（ほぼクロスプラットホームとなるであろう）コードです。(A)か(B)かは、(A1)Java.Lang.Objectから派生していて、かつ[RegisterAttribute]で対応するJavaメソッドが登録されているか、あるいは(A2)それらのメソッドをオーバーライドしたものであるかどうか、で判断できます。(A)はJNIを用いた相互運用となり、(B)は純粋にmonoランタイム上で実行されます。いずれの場合も、マネージドコードは全てAndroidプラットフォームの流儀に則って実行されます。libmonodroidは独自にアプリケーションループを開始するものではなく、Androidアプリケーションのライフサイクルに沿って、JNI経由でCILのメソッドが呼び出された時にのみコードを実行します（それらを起点としてネイティブスレッドを生成してバックグラウンドでコードを実行することはあります)。

Androidと相互運用するメンバーについては、Xamarin.AndroidがアプリケーションをビルドJava Callable Wrapper（JCW）と呼ばれるJavaコードを自動生成します。Android
APIを実装しているコードは、ユーザーアプリケーションのコードだけでなくJavaで実装されたAndroidフレームワークからも呼び出される可能性があるため、その呼び出しに対応できるJavaのコードが必要になるのです。JCWの呼び出しを概念図としてまとめたものを次に示しま

す。（図1.1）

図1.1: 図解: JCW (Java Callable Wrapper)

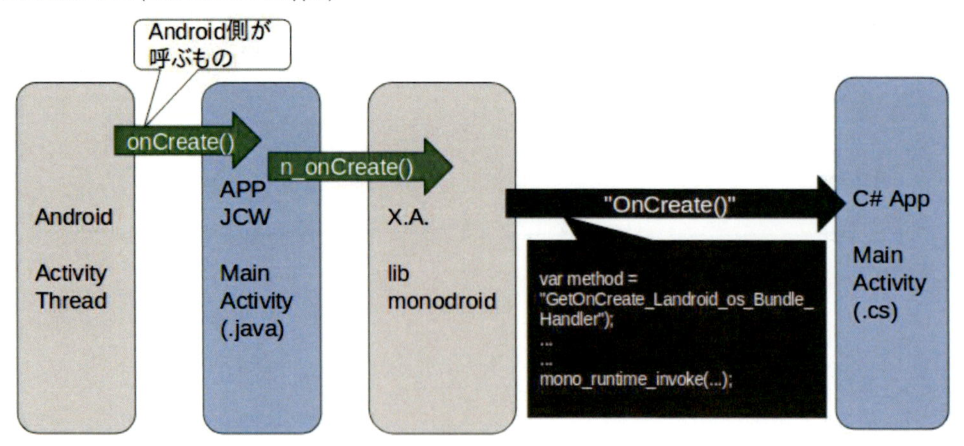


生成されるコードは次のような内容になります。少々長いですが、雰囲気をつかめるように、リスト1.1に全体を掲載しておきます。

リスト1.1: JCW（Java Callable Wrapper）として生成されるコード

```
package md5d0675fc1d2828723daf56fefc6850506;

public class MainActivity
    extends
md5b60ffeb829f638581ab2bb9b1a7f4f3f.FormsAppCompatActivity
    implements
        mono.android.IGCUserPeer
{
/** @hide */
    public static final String __md_methods;
    static {
        __md_methods =
            "n_onCreate:(Landroid/os/Bundle;)\
            V:GetOnCreate_Landroid_os_Bundle_Handler\n" +
            "n_onActivityResult:(IILandroid/content/Intent;)\

V:GetOnActivityResult_IILandroid_content_Intent_Handler\n" +
            "";
        mono.android.Runtime.register (
            "EmbeddinatedFormsSample.Droid.MainActivity,\
             EmbeddinatedFormsSample.Droid, Version=1.0.0.0,\
             Culture=neutral, PublicKeyToken=null",
```

```
        MainActivity.class, __md_methods);
}

public MainActivity () throws java.lang.Throwable
{
    super ();
    if (getClass () == MainActivity.class)
        mono.android.TypeManager.Activate (
            "EmbeddinatedFormsSample.Droid.MainActivity,\
             EmbeddinatedFormsSample.Droid, Version=1.0.0.0,\
             Culture=neutral, PublicKeyToken=null", "",
             this, new java.lang.Object[] {  });
}

public void onCreate (android.os.Bundle p0)
{
    n_onCreate (p0);
}

private native void n_onCreate (android.os.Bundle p0);

public void onActivityResult (int p0, int p1, \
    android.content.Intent p2)
{
    n_onActivityResult (p0, p1, p2);
}

private native void n_onActivityResult (int p0, int p1, \
    android.content.Intent p2);

private java.util.ArrayList refList;
public void monodroidAddReference (java.lang.Object obj)
{
    if (refList == null)
        refList = new java.util.ArrayList ();
    refList.add (obj);
}

public void monodroidClearReferences ()
{
    if (refList != null)
        refList.clear ();
```

```
    }
}
```

このソースは、Xamarin.Formsのソリューションの一部として作成されたAndroidアプリケーションのMainActivityから自動生成されたJCWです。パッケージ名は、アセンブリ名とCIL上の名前空間をもとにmd5でハッシュ値を作成しています（この処理は2017年8月リリースのXamarin.Androidに基づいているものです)。

コンストラクタ`MainActivity()`は、AndroidフレームワークからActivityのインスタンスの生成を要求された時に呼び出されます。マネージドコード側が必要になったら、そのJavaインスタンスのハンドルがマネージドコードの（通常ユーザーが呼び出すことが無いほうの）コンストラクタに渡されます。

Activityの`onCreate()`や`onActivityResult()`は、このJCWでオーバーライドされていますが、内容はnativeメソッドの呼び出しになっています。このネイティブメソッドはlibmonodroidによってJNIのRegisterNatives関数を利用して登録されており、対応するメソッドはマネージドコード上で指定されたRegisterAttributeから識別されます。

このJCWは、Embeddinator-4000が自動生成するJava APIの実装と類似していますが、実装（生成されるコード）は異なっています。Embeddinator-4000のAPI生成対象はAndroid相互運用メンバーに限られません。

### Xamarin.Androidとサポート対象CPUアーキテクチャ

ちなみに、libmonodroidはAndroid NDKでビルドされているため、Xamarin.Androidアプリケーションは、Xamarin.AndroidがサポートするCPUアーキテクチャでのみ使用できます。具体的な問題としては、Android NDKがサポートしているMIPSアーキテクチャは、Xamarinがサポートするものではありません。もっとも、monoランタイムはMIPSをサポートしているので、OSSとして公開されているxamarin-androidをMIPSにも対応するように改造することはできるかもしれません。

### Embeddinator-4000で生成されるAndroid実装コード

Embeddinator-4000が生成するCコードについては、例を出して解説しました。AndroidではNDKを使えばCのコードを実行することができるのですが、AndroidはJava言語のプラットフォームなので、JavaのAPIから呼び出せるようになっていると親切です……というより、JavaでAPIが生成されていないとなかなか使う気にはなれないところでしょう。そういうわけで、Embeddinator-4000では、Androidをターゲットにしてjavaソースを生成することができます。（図1.2)

図 1.2: .NET の型から生成される Java クラス

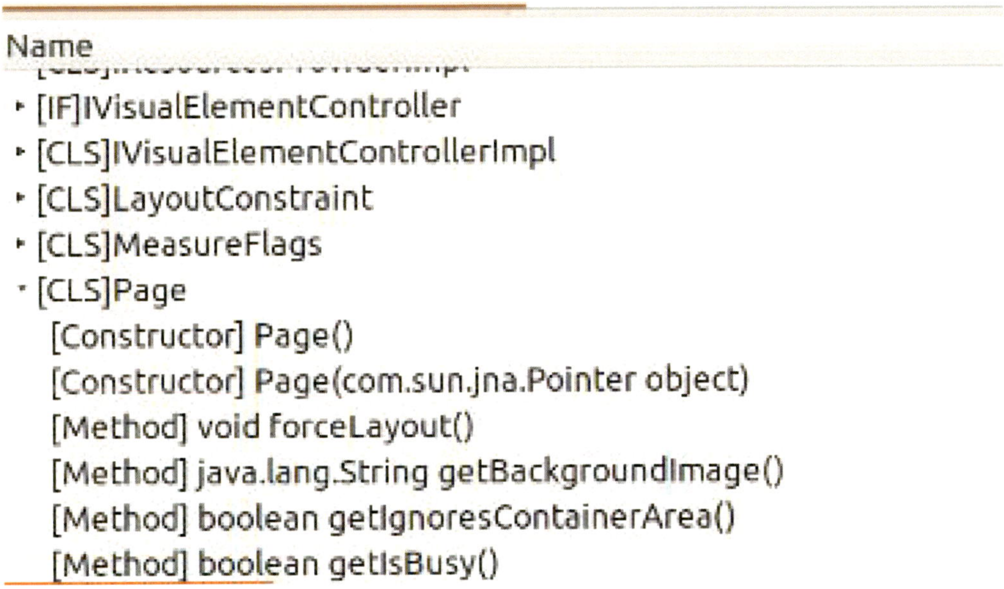

```
Name
▸ [IF]IVisualElementController
▸ [CLS]IVisualElementControllerImpl
▸ [CLS]LayoutConstraint
▸ [CLS]MeasureFlags
▾ [CLS]Page
    [Constructor] Page()
    [Constructor] Page(com.sun.jna.Pointer object)
    [Method] void forceLayout()
    [Method] java.lang.String getBackgroundImage()
    [Method] boolean getIgnoresContainerArea()
    [Method] boolean getIsBusy()
```

生成されたソースは、embeddinatorのランタイム（とでもいうべき共通コード）を活用するかたちで生成されたC APIを呼び出すJavaのバインディングとなります。この処理の概念図を示します。（図1.3）

図 1.3: 図解: Embeddinator-4000 呼び出し

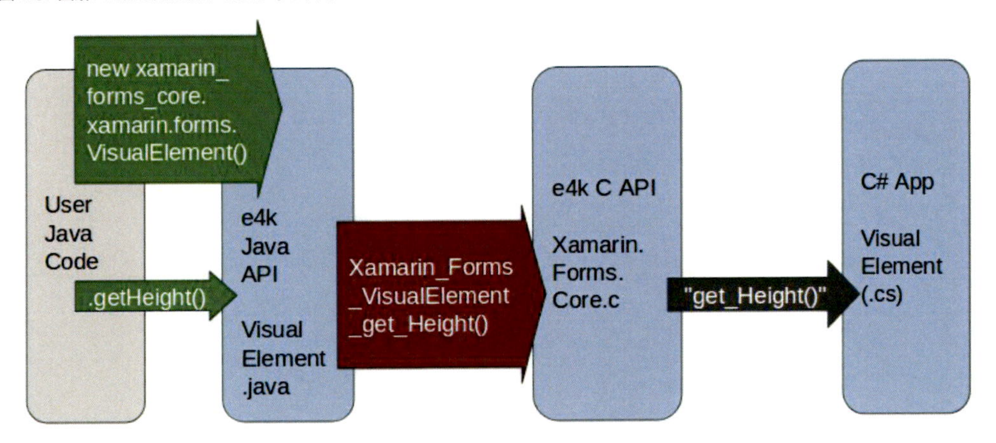


2種類のJavaコードの生成

生成されるJavaコードには、embeddinated C APIに対応するコードと、元の.NETのクラス階層構造を再現するコードの、2つのレイヤーがあります。これを具体的に把握するために、例として、Xamarin.Forms.Platform.Android.dllを対象にEmbeddinator-4000を実行した時に生成されたXamarin.Forms.Elementに対応するJavaコードを抜粋したものを見ていきましょう。

（リスト1.2）

リスト1.2: xamarin_forms_core/Native_Xamarin_Forms_Core.java

```
public interface Native_Xamarin_Forms_Core extends
com.sun.jna.Library
{
    Native_Xamarin_Forms_Core INSTANCE =
        mono.embeddinator.Runtime.loadLibrary("Xamarin.Forms.Core",\
            Native_Xamarin_Forms_Core.class);

    public byte Xamarin_Forms_HandlerAttribute_ShouldRegister(
        com.sun.jna.Pointer object);
    public String Xamarin_Forms_Element_get_AutomationId(
        com.sun.jna.Pointer object);
    public void Xamarin_Forms_Element_set_AutomationId(
        com.sun.jna.Pointer object, String value);
    ...
```

どのライブラリも、アセンブリ名がパッケージ名として、その中にnamespace名を型名に含むNative_{namespace_name}というインターフェースが、さらにそのメンバーとしてINSTANCEフィールドが生成されます。このインターフェースはJNA（Java Native Access）のLibraryから派生しています。JNAとは……？　気になりますが、これは後で説明します。インスタンスの中にはXamarin_Forms_Element_get_AutomationId()とXamarin_Forms_Element_set_AutomationId()というメソッドが存在します。これはXamarin.Forms.ElementのAutomationIdプロパティのgetterとsetterに対応するメソッドです。

ただし、これはユーザーが直接呼び出すコードではありません。ユーザーが呼び出すべきメソッドは、次のように生成されているxamarin_forms_core.xamarin.forms.ElementクラスのgetAutomationId()やsetAutomationId()です。（リスト1.3）

リスト1.3: xamarin_forms_core/xamarin/forms/Element.java

```
package xamarin_forms_core.xamarin.forms;

import mono.embeddinator.*;
import com.sun.jna.*;

public class Element
    extends xamarin_forms_core.xamarin.forms.BindableObject
    implements xamarin_forms_core.xamarin.forms.IElement,
     xamarin_forms_core.xamarin.forms.internals.INameScope,
```

```
 xamarin_forms_core.xamarin.forms.IElementController {
    public Element(com.sun.jna.Pointer object) { super(object); }

    @Override
    public com.sun.jna.Pointer __getObject() { return this.__object;
}

    public String getAutomationId() {
        String __ret =
xamarin_forms_core.Native_Xamarin_Forms_Core.INSTANCE
            .Xamarin_Forms_Element_get_AutomationId(__object);
        mono.embeddinator.Runtime.checkExceptions();
        return __ret;
    }

    public void setAutomationId(String value) {
        xamarin_forms_core.Native_Xamarin_Forms_Core.INSTANCE
            .Xamarin_Forms_Element_set_AutomationId(__object, value);
        mono.embeddinator.Runtime.checkExceptions();
    }
    ...
```

こちらのソースで定義されているのはC#のクラス階層構造に対応するJavaのクラスで、メンバーもそれっぽくなっています。なぜこれら2つの型が別々に存在しているかというと、最初の型はC相互運用を実装しているもの、2番目の型はこれを呼び出す形でメンバーを実装したオブジェクト指向のAPIで、役割によって切り分けることで実装を単純化しているということです。

JNAのLibraryから派生している Native_Xamarin_Forms_Core を実装しているクラスは、mono.embeddinator.Runtime.loadLibrary()というメソッドから返されるインスタンスです。これはJNAのNative.loadLibrary()とほぼ同様です。まだJNAについて説明していないのですが、このインターフェースを「ネイティブメソッドを呼び出す」ことで実装しているインスタンスが返されると思ってください。

#### Embeddinated APIから呼ばれるJavaバインディング

実のところ、当初、Xamarin.AndroidのAPIを呼び出すコード、特にJavaライブラリのバインディングについては、Embeddinator-4000が想定する使い方であるとはいえなかったのですが（そのJavaライブラリをそのまま素直に使用すればよいわけです）、Xamarin.Androidを前提に書かれたコード（Xamarin.Forms.Platform.Androidなども含まれます）を実行したい、その中で間接的に参照されているJavaバインディングのコードもそのまま動かしたい、というのは自然なニーズであり、これらがEmbeddinator-4000でも利用できない理由はありません。

### JNAの活用

JNAは、C++のライブラリをJavaから呼び出せるようにするためのJavaライブラリです。Embeddinator-4000では、CのAPIに対応するJava APIを、JNAを利用して実装しています。

Javaとネイティブコードの相互運用は、一般的にはJNIで行われています。このJNIの仕組みを離れて相互運用することは出来ないのですが、JNIには（前述しましたが）Java上でnativeメソッドで宣言したメソッドに対応するC++コードを実装しなければならない、という問題があります。これは手間がかかる上に、ネイティブライブラリのビルドも行わなければならないので、厄介な問題です。Androidの場合は、特にJNI相互運用部分の開発者が気にかけていないCPUアーキテクチャ向けのライブラリについては、サポートされずに公開されてしまうおそれがあります。

JNI接続部分を、C++コードを手書きしなくても良い程度に自動化したい、という相互運用ライブラリの需要はそれなりの規模で存在しているのですが、JNAはそのような需要に応える存在のひとつです。実のところJNAのようなJavaとC++の相互運用ライブラリは数多く存在しており…しかも死屍累々なのです。[2]

JNAはその中でも、(1)C++のコード生成を伴わずにC++の相互運用を実現しているライブラリで、(2)Androidにも対応しており、(3)現在（執筆時2017年8月）でも生きている、（筆者が知る限り）唯一の選択肢です。「C++のコード生成を伴わずに動的な呼び出しを行う」というのを実現する方法には、dyncallのようなライブラリの活用が挙げられます。
（ちなみに、(1)の要件を満たさないものとしてJavaCPPが、(2)の要件を満たさないものとしてjnr-ffiが、(3)の要件を満たさないものとしてBridJが挙げられます。）

Embeddinator-4000が生成するのはC APIであり、C++をサポートしているという部分は完全におまけなのですが、相互運用のためのネイティブコードをビルドしなくてもよいという点においてJNAは有用であるため、活用されています。JNAを利用するJavaコードはEmbeddinator-4000が自ら生成しています。

### ライブラリアーカイブにパッケージされたmonoランタイム

Embeddinator-4000でビルドされたaarライブラリにはXamarin.Androidのランタイムがパッケージされており、Xamarin.AndroidのAPIを呼び出すマネージドコードは、実装されたとおりにXamarin.Androidの仕組み上で動作します。アプリケーションの.NETコードをJavaやC（Android NDKでビルドしたコード）から呼び出す場合は、Embeddinator-4000の仕組みに基づいて実行されます。ここまでの解説からも読み取れたかもしれませんが、これらは似て非なるものです。

---

2. 筆者はこの点について、TechBooster刊「なないろAndroid（https://booth.pm/ja/items/392257）」に「AndroidでJavaCPPを使用する」という記事を書いて解説しています。

Embeddinator-4000の制限事項のひとつとして、複数のEmbeddinated APIのaarライブラリを、ひとつのAndroidアプリケーションで参照することはできません。これは、複数のaarの中にembeddinatorランタイムが入っていても、それを複数パッケージすることは出来ないのと、embeddinatorの実装バージョンが食い違っていた時に、どちらかだけを残していたら問題になる可能性が十分にあるためです（デバッグ時に何のソースを信用していいのかが分からなくなり、デバッグが非常に困難になります）。

### iOSサポート

はじめに書いておきますが、2017年11月上旬の執筆時点で、iOSおよびmacOSのObjective-Cサポートは、Androidほど進んでいるものではありません。そういうわけで、iOSサポートについては、今回は補論として、Androidよりは幾分か簡潔にまとめます。

iOSプラットフォームの標準的な言語はObjective-CとSwiftです。SwiftについてはObjective-Cで書かれたフレームワークと平仄を合わせるために作られた言語という側面が強く、フレームワーク自体はObjective-Cを前提にしていると考えてよいので、以降ではSwiftについて特に言及はしません。（ただし、前述の通り、2017年11月の時点で、Swiftサポートも開発されており、コード生成機能も存在はしています。）

Embeddinator-4000では、iOSおよびmacOSのために、.NET APIに対応するObjective-C APIを自動生成します。ライブラリをビルドした場合は、framework形式あるいはdylib形式で参照できるようになります。iOSの場合は前者、macOSの場合は（現状では）後者が、ドキュメントで提示されているビルドとなります。これらはそれぞれXcodeで標準的に利用できるライブラリ形式です。

### 標準的なiOSアプリケーションのビルドと実行

iOSやmacOS用のObjective-Cアプリケーションは、一般的にはXcodeを使用して作成します。

iOSはObjective-Cをネイティブ開発言語とするプラットフォームであり、コンパイラ・ツールチェインとしては主にclang/llvmが使われています。iOSやmacOSの場合、ビルドされるのはネイティブコードを直接含むアプリケーションとなります。またObjective-CはCのスーパーセットとして規定された言語であり、CのAPIはObjective-Cのコードでも呼び出せるようになっています。

ちなみに、watchOSやtvOSはiOSやmacOSとは少し事情が異なり、ビルド結果としてbitcodeと呼ばれるllvmの命令中間表現（intermediate representation、IR）を生成することが要求されます。bitcodeはその後Apple WatchやAppleTVのアーキテクチャに合わせて、App Store上でネイティブ命令に変換されます。詳細はAppleのApp Thinningのドキュメンテーション[3]で説明されています。

3.https://developer.apple.com/library/content/documentation/IDEs/Conceptual/AppDistributionGuide/AppThinning/AppThinning.html watchOSとtvOSをサポートするXamarin.iOSは、monoランタイムを含むコード全体をこのbitcodeで表現します。これは実行時にアプリケーションコードも含めて全てネイティブ命令に変換されます。bitcodeは、生成されるライブラリなどがプラットフォームによって処理されるネイティブコードに相当する存在であるという意味では、ネイティブライブラリと同一視できます。

iOSのアプリケーションのコードには、実行可能プログラムとしてメインのエントリポイントがありますが、通常はUIKitのUIApplicationMain()関数を呼び出して、iOSアプリケーションループを開始するのみです。アプリケーションが終了すればプログラムも終了します。これは一般的なGUIアプリケーションの作りであると言ってよいでしょう。

### Xamarin.iOSアプリケーションの動作原理

Objective-Cは、Xcodeなどがコード補完できる程度には静的に型付けされた言語ですが、実行されるメソッドは動的にバインドされます。オブジェクトのインスタンスメソッドの呼び出しは、具体的にはオブジェクトに「メッセージ」を「ディスパッチ」するかたちで行われます。

Objective-Cのランタイムはlibobjcというライブラリに含まれており、CのAPIとして呼び出すことが可能です。このランタイムのAPIを利用して、Objective-Cのオブジェクト全般を表すNSObjectをリフレクションのようなかたちで操作できます。Xamarin.iOSではこれを利用します。mono側はXamarin.Androidと同様にembedded monoの仕組みを利用します。

Xamarin.iOSで利用できるAPIには、やはりXamarin.Androidと同様、ネイティブのObjective-Cとの相互運用を伴うコードと、それ以外のコードとがあります。Objective-C相互運用の部分では、Objective-Cランタイムの機能をカバーするObjCRuntime.Runtimeというクラスを中心とするクラス群が使用されます。

個別のiOS APIは「強く型付けされたObjCRuntime呼び出し」とでもいうべきものですが、Xamarin.Androidが概ね自動生成されているのに対して、Xamarin.iOSの場合は、ある程度clangの応用として作成されたツールObjective-SharpieからAPI定義が自動生成された後、フレームワーク開発者の手がそれなりに加えられています。Embeddinator-4000の場合は、Xamarin.iOSとはコード生成機構が異なるため、利用に当たっては注意が必要です。特に2017年11月時点ではジェネリクスの利用がサポートされていないなど、強い制限があるようです。

### Embeddinator-4000で生成されるiOS実装コード

ここまで言及してきたとおり、iOSはネイティブコードを自然にリンクできるプラットフォームであり、CのAPIはObjective-Cから呼び出すことができます。そのため、Embeddinator-4000が生成したCのAPIをそのまま使用することもできます。

とはいえ、CのAPIよりはObjective-Cのほうが使い勝手の良いAPIを定義するポテンシャルが高いことは確かです。Embeddinator-4000では、Objective-CのAPIも定義することができます。

ここまでは一概にEmbeddinator-4000と呼んできましたが、Objective-Cのコードを生成するツールは、実際にはobjcgen.exeという名前であり、MonoEmbeddinator4000.exeではありません。実装コードも共通ではありません。ただし、コマンドライン引数の形式はほぼ同様です。

2017年11月の本稿執筆時点でリリースされているバージョン0.3.0では、objcgen.exeに`--target=framework --platform=iOS`を指定して実行して、バインディングAPIが期待どおりに生成できました。2017年9月の初版執筆時点ではうまくいかなかったもので、このあたりには進歩が見られます。

また、macOS用にコードを生成することはできましたが、Xamarin.MacのAPIを使用してビルドしたDLLについては、objcgen.exeがフレームワークアセンブリの参照解決に失敗したため、それ以上は続行できませんでした。.NETフレームワーククラスライブラリ（System.* API）のみを使用したライブラリについては、Objective-CのAPIが生成できたので、例を示します。

まず例として使用したC#のコードがリスト1.4です。

リスト1.4: objcgenへの入力に使うC#ライブラリのコード

```
using System;

namespace EmbeddinatedMacSample
{
    public class MyGreeter
    {
        public string Greet (string name)
        {
            return "Hello " + name;
        }
    }
}
```

このコードをビルドしたライブラリを対象としてobjcgen.exeを実行します。

```
$ mono --debug
../../../packages/Embeddinator-4000.0.3.0/tools/objcgen.exe
    EmbeddinatedMacSample.dll --target=framework --outdir=output
    -c --debug
```

生成されるコードを見ると、C APIを生成した時に見られたファイルに加えて、いくつかObjective-C用のファイルが含まれていることがわかります。

```
bindings.h          bindings.m
bindings-private.h  embeddinator.h
```

```
EmbeddinatedMacSample.a
EmbeddinatedMacSample.framework
glib.c               glib.h
i386/                MacOSX/
Make.config          mono-support.h
mono_embeddinator.c mono_embeddinator.h
objc-support.h       objc-support.m
x86_64/
```

主な生成コードはbindings.hとbindings.mです。objc-support.*ファイルはテンプレートです。また、ライブラリとして.aと.frameworkが生成されていることがわかります。

リスト1.5にbindings.hの内容を少し簡略化したものを示します。

リスト1.5: objcgenで生成されたbindings.h（抜粋）

```
#include "embeddinator.h"
#import <Foundation/Foundation.h>

@class EmbeddinatedMacSample_MyGreeter;

NS_ASSUME_NONNULL_BEGIN
@interface EmbeddinatedMacSample_MyGreeter : NSObject {
        @public MonoEmbedObject* _object;
}

- (nullable instancetype)init;
- (NSString *)greetName:(NSString *)name;
- (nullable instancetype)initForSuper;
@end
NS_ASSUME_NONNULL_END
```

C#のGreet()というメソッドに対応するgreetName()というメソッドが生成されていることがわかります。

実装コードであるbindings.mは、この単純なライブラリに対しても100行を超える内容なので、ここではinit()とgreetName()の実装のみ抜粋します（リスト1.6）。掲載していない部分への参照も含まれているので、mono embedded APIとembeddinator APIを活用している雰囲気だけ読み取ってください。

リスト1.6: objcgenで生成されたbindings.m（抜粋）

```
- (nullable instancetype)init
{
```

```
        MONO_THREAD_ATTACH;
        static MonoMethod* __method = nil;
        if (!__method) {
#if TOKENLOOKUP
                __method = mono_get_method
(__EmbeddinatedMacSample_image,
            0x06000002, EmbeddinatedMacSample_MyGreeter_class);
#else
                const char __method_name [] =
            "EmbeddinatedMacSample.MyGreeter:.ctor()";
                __method = mono_embeddinator_lookup_method
(__method_name,
            EmbeddinatedMacSample_MyGreeter_class);
#endif
        }
        if (!_object) {
                MonoObject* __instance = mono_object_new
(__mono_context.domain,
            EmbeddinatedMacSample_MyGreeter_class);
                MonoObject* __exception = nil;
                mono_runtime_invoke (__method, __instance, nil,
&__exception);
                if (__exception) {
                        NSLog (@"%@", mono_embeddinator_get_nsstring
(
                mono_object_to_string (__exception, nil)));
                        return nil;
                }
                _object = mono_embeddinator_create_object
(__instance);
        }
        return self = [super init];
        MONO_THREAD_DETACH;
}

- (NSString *)greetName:(NSString *)name
{
        MONO_THREAD_ATTACH;
        static MonoMethod* __method = nil;
        if (!__method) {
#if TOKENLOOKUP
                __method = mono_get_method
```

```
(__EmbeddinatedMacSample_image,
            0x06000001, EmbeddinatedMacSample_MyGreeter_class);
#else
                const char __method_name [] =
            "EmbeddinatedMacSample.MyGreeter:Greet(string)";
                __method = mono_embeddinator_lookup_method
(__method_name,
            EmbeddinatedMacSample_MyGreeter_class);
#endif
        }
        void* __args [1];
        __args[0] = name ?
        mono_string_new (__mono_context.domain, [name UTF8String]) :
nil;
        MonoObject* __exception = nil;
        MonoObject* __instance = mono_gchandle_get_target
(_object->_handle);
        MonoObject* __result = mono_runtime_invoke (__method,
__instance,
        __args, &__exception);
        if (__exception) {
                mono_embeddinator_throw_exception (__exception);
        }
        return mono_embeddinator_get_nsstring ((MonoString *)
__result);
        MONO_THREAD_DETACH;
}
```

## 1.4 Embeddinator-4000のユースケース

Embeddinator-4000は、ネイティブアプリケーション開発者が.NETのライブラリを利用できるように開発されたものです。Xamarin.iOSやXamarin.Androidのアプリケーション開発者がEmbeddinator-4000を利用する必要は無いでしょう。

Embeddinator-4000のような仕組みは、Xamarin製品よりも緩やかに.NETのコードをJavaやObjective-Cのアプリケーションに組み込むことを可能にするものです。それ以外で.NETのライブラリを活用しようと思ったら、Xamarinを利用するしかありません。しかしXamarinを利用するということは、ネイティブの機能をフル活用するものであっても、C#でアプリケーションの根本を用意するということであり、そこにはそれなりに強い意志が必要なことも多いでしょう。

Embeddinator-4000は、そこにより柔軟なステップを用意して、段階的にXamarinに移行することも、必要とあればその逆についても可能にするものなのです。

モバイルアプリケーションをModel-View-whateverで設計する際に、プラットフォームに依存しない部分を.NETで実装しつつ、よりネイティブ親和性が高い部分をネイティブで実装する、というアプローチも可能でしょう。レイヤーの切り分け方が柔軟になることが、Embeddinator-4000によって可能になることが期待されます。

もっとも、Embeddinator-4000はまだ開発が始まったばかりのプロジェクトであり、過度な期待はまだできません。機能制限などについても、これから明確化されていく段階であるというしかありません。今後の開発の様子を見ながら試していくのがよいでしょう。

## 1.5 まとめ

本章では、Embeddinator-4000を詳しく論じることを主目的としつつ、組み込みMonoの概要、Android（やiOS）のアプリケーションの根本的な仕組み、それを活用したXamarinの仕組み、それらとEmbeddinator-4000がどう異なるのか、といった点について、解説してきました。本章の内容がXamarinやそれを支えるMonoの応用技術についての理解を深める助けとなることがあれば幸いです。

# 第2章　Xamarin.Macアプリケーションの配布方法

## 2.1　はじめに

筆者が初めてXamarin.Macでアプリを開発しようとしたとき、ネイティブのMacアプリ開発経験がありませんでした。そのため、「たとえアプリケーション本体が開発できたとしても、そもそも配布に必要なものが欠けていたら大変かもしれない……」と、まだできてもいないアプリケーションの未来を心配したものです。そこで当時、着手する前に一連の開発フローを把握するべく調査を行いました。

この章はその調査経験をもとに、これからXamarin.Macを使ってアプリを開発する人が本質的な作業に専念できるようにXamarin.Macアプリケーションの配布方法を解説します。

### アプリケーションの配布方法の種類

Macアプリケーションを配布する方法は2種類です。

1. App Storeでの配布
2. App Store外での配布

どちらが優れているという類のものではなく、それぞれのメリット・デメリットを理解し、開発するアプリケーションに合った方法で配布する必要があります。

大まかな違いはAppleの公式サイト[1]のとおりで、主な違いは表2.1のようになっています。

表2.1: アプリケーションの配布方法の比較

| 項目 | App Store | App Store外 |
|---|---|---|
| アプリケーション配布 | Appleによるホスト | 開発者による管理 |
| アップデート | Appleによるホスト | 開発者による管理 |
| アプリケーション内課金やGame Center | 利用可 | 利用不可 |
| アプリケーションのサンドボックス化 | 必須 | 推奨 |

1.https://developer.apple.com/jp/macos/distribution/

## 2.3 App Storeでの配布

### 概要

開発者がアップロードしたアプリケーションを、ユーザがApp Storeからダウンロードして使用します。本節ではアプリケーションをApp Storeで配布するときに考慮すべき点を説明します。

### アプリケーション配布

概要で触れたとおり、アプリケーションはAppleがホストしてくれます。そのため、ユーザがアプリケーションをダウンロードするのはApp Storeからです。

App Storeにはカスタマー評価、カスタマーレビューやランキングなど、ユーザの評価に基づく情報が掲載されます。また、アプリケーションを説明するためのスクリーンショットも複数掲載できるようになっています。

そのため、ユーザにとって価値のあるアプリケーションを開発し、その価値を伝えることができればより多くのユーザにアプリケーションを訴求することができます。

### アップデート

アップデートもAppleがホストしてくれます。また、アップデートをユーザに通知してくれます。

### アプリケーション内課金

アプリケーション内課金[2]では、Store Kitフレームワーク[3]を使用してアプリケーション内で課金処理を実装できます。課金は次の4種類に対応しています。

1. Consumable
   釣りゲームの餌など、使い切りのアイテム購入向きです。
2. AppNon-Consumable
   特定機能の解放など、使用しても無効になったり消えたりしないアイテム購入向きです。
3. Auto-Renewable
   Subscriptions 特定期間でコンテンツを更新するなど、ユーザがキャンセルするまで定期的に請求するケース向けです。
4. Non-Renewing
   Subscriptions ストリーミングコンテンツへの期間限定アクセスなど、ユーザに毎回更新を求めるコンテンツ向けです。

2.https://developer.apple.com/in-app-purchase/
3.https://developer.apple.com/documentation/storekit

### Game Center

Game Center[4]はAppleのソーシャルゲームネットワークです。ゲームのハイスコアや、登録している友人がどんなゲームをしているかなどを確認できます。GameKitフレームワーク[5]を使用すると、ユーザのマッチング等のソーシャルゲームに必要な機能を実装することができます。

### サンドボックス化

サンドボックス（App Sandbox）は、macOSに組み込まれたアクセスコントロールテクノロジーです。アプリケーション毎にリソースへのアクセスを制限することで、悪意ある行為からアプリケーションが実行されるマシンを守ります。

サンドボックス化をしなければ、アプリケーションにはユーザと同等の権限が与えられます。そのため、アプリケーションやフレームワークのセキュリティホールに脆弱性があったとき、Macをのっとられてしまう可能性があります。サンドボックス化はそれを防止するために行います。

これはApp Storeで配布すると使用できるようになるというものではなく、App Storeで配布するためには実装が必須になります。

Xamarin.Macを使ってアプリケーションを開発する際もネイティブのアプリケーションと同様にサンドボックス化することができます。

### App Sandboxの設定

App SandboxはEntitlements.plistで有効範囲を指定できます。

たとえば、図2.1のようにチェックを入れると、サンドボックス化で制限されるものの中で「アプリケーションから外部への通信」だけが許可されます。

App Sandbox有効時に明示的に許可できる項目は次のとおりです。

- ネットワーク
  - 着信接続（サーバー）
  - 発信接続（クライアント）
- ハードウェア
  - カメラ
- マイク
  - USB
  - 印刷
- アプリケーションデータ
  - 連絡先

---

4.https://developer.apple.com/game-center/

5.https://developer.apple.com/documentation/gamekit

図2.1: entitlements.plist の設定

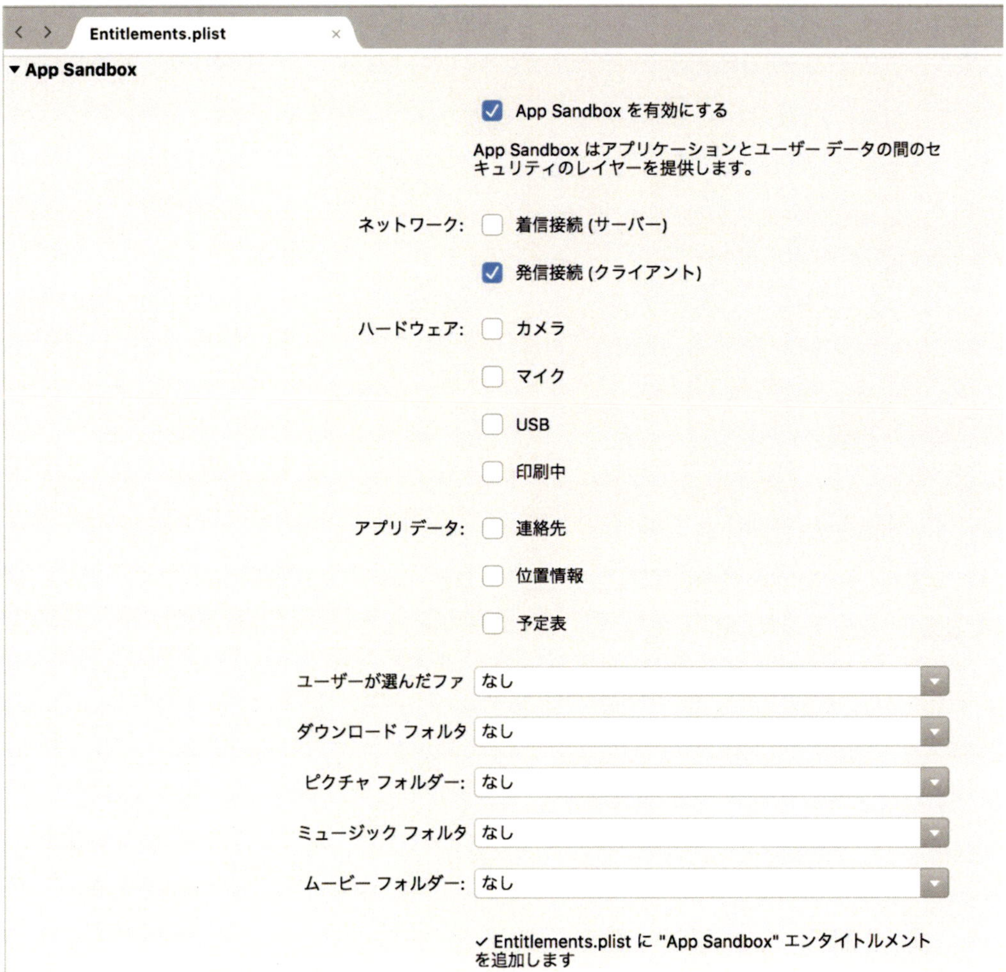

　位置情報

　カレンダー

・ユーザが選んだファイル

　なし / 読み取りアクセス / 読み取り/書き込みアクセス

・ダウンロードフォルダ

　なし / 読み取りアクセス / 読み取り/書き込みアクセス

・ピクチャフォルダ

　なし / 読み取りアクセス / 読み取り/書き込みアクセス

・ミュージックフォルダ

　なし / 読み取りアクセス / 読み取り/書き込みアクセス

・ムービーフォルダ

　なし / 読み取りアクセス / 読み取り/書き込みアクセス

### App Sandboxを使用するアプリケーションの設計

次のようなフローで設計するとよいでしょう。

#### アプリケーションをサンドボックス化しても、必要な機能を提供できるかを考える

次の機能はサンドボックス化したアプリケーションでは使用できないため、対策が必要です。

- Authorization Servicesの使用
- Accessibility APIの使用
- 任意のアプリケーションへのAppleイベント送信
- userInfoディクショナリーの別タスクへの送信
- カーネル拡張のロード
- 「開く」「保存」ダイアログでのユーザー入力のシミュレーション
- 別アプリケーションの設定へのアクセス
- ネットワーク設定の変更
- 別アプリケーションの終了操作

#### サンドボックス化したアプリケーションでも利用できるAPIに置き換える

次のケースで対応が必要です。

- NSDocument以外でドキュメントを操作する
- セキュリティスコープブックマーク以外でコンテナ外部のリソースに永続的にアクセスする
- SMLoginItemSetEnabled以外でアプリケーション向けのログインアイテムを作成する
- NSHomeDirectory等のシンボル以外でホームディレクトリのデータにアクセスする
- 他のアプリケーションの設定にアクセスする
- AV Foundationフレームワークにリンクせずに埋め込みHTML5ビデオを再生する

#### エンタイトルメントを設定する

Entitlements.plistを編集してApp Sandboxを有効にします。許可項目は少ないほど効果的なため、App Sandboxを最大限活用するには許可する項目を必要最低限にしてください。

実際にサンドボックス化を行う場合、Xamarin.Macの公式ページ[6]に動作原理の解説やXamarin.Macにおける未対応部分の回避策も掲載されているので、必ず目を通してください。

### ストア審査

App Storeで配布する場合はAppleによる審査に合格する必要があります。

App Storeで配布したい、App Store外で配布したいという意思以前に審査要件を満たせそうかどうか、これまで紹介した機能が必須であれば審査を通過しなければいけません。

---

6.https://developer.xamarin.com/guides/mac/application_fundamentals/sandboxing/

ストア審査は開発方針を決める上でも分水嶺になるものなので、開発を始める前に審査要件を確認しておくことをお勧めします。
大枠はAppleの公式ページ[7]にあるとおりです。

Appleでは、Mac App Storeに提出されたすべてのアプリケーションを審査し、信頼できること、想定どおり動作すること、不快な内容が含まれていないことを確認します。またアプリケーションは、重要な技術基準、コンテンツ基準、設計基準を満たしている必要があります。ガイドラインを読み、アプリケーション審査を受ける準備が整っていることを確認してください。

### 審査要件

以下が具体的な審査要件です。

### 前提

- デモアカウント、ログイン情報、アプリケーションの審査に必要なその他のハードウェア、リソースを提供する必要があります。たとえば、ログインが必須のサービスでは審査用のアカウントを準備してAppleの審査担当がアプリケーションの機能にアクセスできるよう準備してください。
- 地域的制限等のためアプリケーションの一部にアクセスできない場合、その機能を説明するデモビデオのリンクを提出する必要があります。たとえば、日本に限定してストリーミング配信を行うようなアプリケーションでは審査担当が日本にいなくても実際に動作が分かる動画を提出してください。

### ガイドライン

Appleが提供するガイドラインはたくさんあります。ガイドラインに沿わなければ一律審査に合格できないというわけではありませんが、失格要件になります。

Appleが推奨するガイドラインを紹介します。

- Mac App Programming Guide[8]
  Macアプリケーションを開発する上で知る必要のあるファイルシステムやキーチェーンをはじめとするアプリケーション環境、アプリケーションがもつべきふるまい、パフォーマンスチューニング等について書かれています。
- App Extensionプログラミングガイド[9]
  App Extensionとはアプリケーションの機能の一部を他のアプリケーションからシームレスに利用できるようにするための仕組みです。iOS、macOS、tvOS、watchOSそれぞれ利

7.https://developer.apple.com/support/app-review/jp/
8.https://developer.apple.com/library/content/documentation/General/Conceptual/MOSXAppProgrammingGuide/Introduction/Introduction.html
9.https://developer.apple.com/jp/documentation/General/Conceptual/ExtensibilityPG/index.html

用できるExtensionが異なります。

Extensionをもつアプリケーションをcontaining appと呼び、containing appは複数のExtensionをもつことが可能です。Extensionに処理をリクエストする側をhost appと呼びます。

審査の観点から必ず使用しなければならないというわけではありません。

macOSで使用できるのは次のとおりです。

—Action

—Audio Unit

—コンテンツブロッカー

—Finder Sync

—Photo Editing

—Share

—共有リンク

—スマートカードトークン

—Today

—VPN

—Xcode Source Editor

・ファイルとディレクトリの概要[10]

先述のApp Sandboxを使用する場合はApp Sandbox Design Guide[11]に従います。

macOSの場合はマルチユーザシステムがあるので、同一ファイルにアクセスする状況があれば整合性を保つための注意が必要です。

・About iTunes Connect[12]

アプリケーションをiTunes ConnectでApp Storeに提出するまでのフローです。

こちらはXamarin.Macの公式ページ、Publishing to the App Store[13]でも詳細に説明されており、豊富なスクリーンショットが掲載されています。

・macOS Human Interface Guidelines[14]

Flexible、Expansive、Capable、Focusedの4つのキーコンセプトの下、ボタン、ウインドウ等多くのアプリケーションの構成要素になるUIパーツに求められることから、システムが機能的に満たすべき要件まで幅広く述べられています。

最低限、開発予定のアプリケーションに関連しそうな部分は読みましょう。

Finder、Dock、Launchpad等で使用するアイコンの準備についてはXamarin.Mac公式ペー

---

10.https://developer.apple.com/jp/documentation/FileManagement/Conceptual/FileSystemProgrammingGuide/Introduction/Introduction.html#//apple_ref/doc/uid/TP40010672

11.https://developer.apple.com/library/content/documentation/Security/Conceptual/AppSandboxDesignGuide/AboutAppSandbox/AboutAppSandbox.html

12.https://developer.apple.com/library/content/documentation/LanguagesUtilities/Conceptual/iTunesConnect_Guide/Chapters/About.html

13.https://developer.xamarin.com/guides/mac/deployment,_testing,_and_metrics/publishing_to_the_app_store/

14.https://developer.apple.com/macos/human-interface-guidelines/overview/themes/

ジ[15]でも説明されています。

・App Storeマーケティングガイドライン[16]

　アプリケーションを宣伝する際は、すべてのマーケティング素材に「App Storeからダウンロード」バッジとAppleが提供する製品画像の使用が求められます。

　レイアウトのスペースが限られていても、マーケティングのコミュニケーションで「App Storeからダウンロード」バッジの代わりにApp Storeアイコンを使用できません。

審査基準

大枠は「安全性」「パフォーマンス」「ビジネス」「デザイン」「法的事項」の5項目です。開発方針を決める上で影響が大きいと考えられるものをApp Store審査ガイドラインから引用し、抜粋します。

・安全性

　ユーザ生成コンテンツを含む場合、不適切な投稿を防ぎ報告するための手段、ブロック機能が必要です。

・パフォーマンス

　スクリーンショットでは、単なるタイトル画面、ログインページ、スプラッシュ画面でなく、使用中のアプリケーションの画面を表示してください。

　アプリケーション名は50文字以内にし、アプリケーションの名前ではない用語や説明は含めないでください。

　アプリケーションはXcodeで提供されるテクノロジーを使用してパッケージ化し、提出する必要があります。他社製のインストーラは使用できません。

　アプリケーションでデバイスの再起動を推奨または要求しないでください。

　アプリケーションを自動的に起動することは許可されません。

　アプリケーションによってスタンドアロンのアプリケーション、KEXT、追加のコード、リソースがダウンロードまたはインストールされ、機能が追加されるように設計することは許可されません。

　アップデートの配信にはMac App Storeを使用する必要があります。その他のアップデート方法は許可されません。

　アプリケーションは現行のOSで実行する必要があります。非推奨の、または任意でインストールされるテクノロジー（Java、Rosettaなど）を使用することはできません。

・ビジネス

　アプリケーション内課金以外の方法でユーザーを何らかの購入に誘導するボタン、外部リンク、その他の機能をアプリケーションに搭載することはできません。

　コンテンツや機能を解放するため、ライセンスキー、拡張現実マーカー、QRコードなど、

---

15.https://developer.xamarin.com/guides/mac/deployment

16.https://developer.apple.com/app-store/marketing/guidelines/jp/

アプリケーション独自の方法を用いることはできません。

・デザイン

アプリケーションは独自に機能する必要があります。機能するために他のアプリケーションのインストールを求めることはできません。

・法的事項

ユーザーまたは使用状況に関するデータを収集するアプリケーションでは、データ収集に関するプライバシーポリシーを明示し、ユーザーからの同意を得る必要があります。事前にユーザーの許可を取り、どこでどのようにデータを使用するかに関する情報を提示しない限り、アプリケーションでユーザーの個人データを使用または送信することはできません。

特に課金に関しては「ビジネス」で細かく規定されているので、アプリケーション内課金を実装する場合必ず目を通してください。

### 一般的な却下理由

Apple公式サイト[17]では次の場合アプリケーションが却下されるとしています。

・クラッシュとバグが発生
・リンク切れ
・プレースホルダ（仮の）コンテンツ（「ここに画像が入る予定」などはできない）
・審査情報が不完全
・アプリケーションの説明やスクリーンショットが不正確
・アプリケーションの説明と実際の機能が異なる
・ユーザインターフェイスの品質が基準以下
・広告識別子（IDFA）の申請と実態の相違
・Webのクリップ、コンテンツアグリゲータ、リンク集等アプリケーション固有の機能不使用
・類似したアプリケーションの複数提出
・コンテンツが少ない、過度にニッチ

## 2.4 App Store外での配布

### 概要

App Store外で配布する場合は前述のような審査要件を満たさなくてもユーザにアプリケーションを配布することができます。

ただし、App Storeで配布する際にAppleが面倒をみていてくれた部分を自前で準備する必要があります。

17.https://developer.apple.com/app-store/review/rejections/jp/

### アプリケーション配布

アプリケーションを独自でホストする必要があります。

たとえば、データベースに保存してWebサイト上でダウンロード機能を実装する、ストレージサービス上に配置してリンクをクリックしてダウンロードできるようにする等が考えられます。

開発・動作検証用には関係者にアクセスを限定するなど、アクセス制御できる状態で複数ホスト場所を確保できると一層開発が捗ります。

### アップデート

アプリの更新を配布したいときには、まずユーザに更新があることを気づいてもらい、インストール済みのアプリケーションを更新してもらう必要があります。

普段Macアプリケーションを利用していると、アップデート用のダイアログを目にすることがあると思います。見た目もだいたい似通っていたのでライブラリを探してみると、アップデータを見つけることができました。

GitHub上でスター数が多く、最近もコミットログがあるものでは次のライブラリが挙げられます。

・sparkle-project/Sparkle[18]

・Squirrel/Squirrel.Mac[19]

どちらも、アプリケーションにGitサブモジュールとして取り込んでアップデート機構の実装に使用します。

それぞれ少々アプローチが異なり、大枠としては

・Sparkle: アプリケーション同様アプリケーションの更新情報ファイルをホストし、そのファイルに変更があれば更新後アプリケーションを取得

・Squirrel.Mac: サーバに更新情報リクエストをし、更新がある旨のレスポンスが返ってくればレスポンスに含まれるアプリケーションホストURLから更新後アプリケーションを取得

というものになっています。

こういったネイティブのライブラリをXamarin.Macで利用するためには、C#向けの定義情報を生成する必要があります。

これを行うため、XamarinがObjective Sharpie[20]というコマンドラインツールを提供しています。

今回紹介したライブラリのうち、SparkleについてはObjective Sharpieを使用してXamarin.Macから利用する方法の日本語記事が書かれています。

また、Objective SharpieでAPI定義を作成した状態のライブラリがSparkleSharp[21]という名

18.https://github.com/sparkle-project/Sparkle

19.https://github.com/Squirrel/Squirrel.Mac

20.https://developer.xamarin.com/guides/cross-platform/macios/binding/objective-sharpie/

21.https://github.com/rainycape/SparkleSharp

前でGitHub上で公開されています。

筆者自身も、SparkleSharpを使ってXamarin.Macアプリケーションにアップデータを組み込み方法に関する記事[22]を公開しています。

Sparkleはサーバ側の実装が不要で比較的に楽に導入できるはずなので、参考にしてみてください。

### アプリケーション内課金

アプリケーション内課金は、App Storeで配布する場合のみApple（Store Kitフレームワーク）がサポートします。そのため、App Store外で配布し、課金も行う場合は課金システムを自前で開発する必要があります。近年は多くのオンライン決済REST APIが提供されており、中には.NET向けのSDKを提供しているものもあります。

次のライブラリはXamarin.Macからも使用可能です。

・stripe/stripe-dotnet[23]
　Stripeを利用できます。[24]
・paypal/PayPal-NET-SDK[25]
　PayPalを利用できます。[26]
・omise/omise-dotnet[27]
　Omiseを利用できます。[28]

### サンドボックス化

App Storeでの配布とは異なり、必須ではありません。ただし、ユーザデータの保護のためAppleはサンドボックス化を推奨しています。

App Storeでの配布で紹介した実装方法との違いはありません。

## 2.5 配布方法の選択

これまで紹介してきたとおりアプリケーションの配布方法は大きく分けて2種類あり、それぞれの特徴は次のとおりです。

・App Storeでの配布
　Appleがアップデート、ホスト、アプリケーション内課金の面倒をみてくれる
　サンドボックス化が必須

---

22.http://qiita.com/toshi0607/items/8edbbc0f11241116c38c
23.https://github.com/stripe/stripe-dotnet
24.https://stripe.com/jp
25.https://github.com/paypal/PayPal-NET-SDK
26.https://www.paypal.com/jp/home
27.https://github.com/omise/omise-dotnet
28.https://www.omise.co/ja

審査が必須

・App Store外での配布

自前でアップデート、ホスト、課金を準備する必要がある

サンドボックス化は推奨

審査が不要

そのため、

・Appleのサポートが必要か
・サンドボックス化しても必要な機能を実装できるか
・審査要件をクリアできるか

がApp Storeで配布するかどうかを判断する際のポイントになります。

### アプリケーションと配布方法の事例

すでにたくさんのMacアプリケーションが世に出ていますが、それらはどのように配布されているのでしょうか。

そしてどのような判断の下で、その配布形式が採用されたのでしょうか。

個別の事情があるので一概にはいえないと思いますが、Sketchをはじめ元々App Storeで提供していたが撤退したという事例がたくさんあるので見ておきましょう。

アプリケーション提供元の記事が削除されている等全てにソースがあるわけではないので参考程度にご覧ください。

#### App Storeからの撤退

次の表2.2に事例を紹介しています。他にもありますが、サンドボックス化が原因で撤退するケースが多いようです。

表2.2: App Storeからの撤退事例

| 撤退時期 | アプリケーション名 | 理由 |
|---|---|---|
| 2012年2月 | Clipstart | Sandbox制限のためApp Storeでの公開を断念 |
| 2012年3月 | SourceTree | Sandboxのルールを厳守した場合、一部機能が利用できなくなるとして一時公開を断念 |
| 2012年9月 | QuickWho & Manpower | Sandboxおよびレビュープロセスを理由に撤退 |
| 2013年10月 | Many Tricks社製アプリケーションすべて | Sandbox化のため新しい機能を追加できないとしてMac App Storeから撤退 |
| 2014年10月 | Jedit X | AppStore側のレギュレーションの変更により、App Storeでのアップデートを受け付けてもらえなくなったとして公開を断念 |
| 2015年12月 | Sketch | レビューに時間が掛かる点や、Sandboxによる機能の制限、アップグレード価格を適用できない事などを理由に撤退 |

App Storeで配布したい場合、サンドボックス化周りの検証は早めに行った方がよいと考えられます。

### App Store と App Store外配布の併用

「App Storeか、App Store外か」という二者択一ではなく、どちらでも提供できるようにしたケースもありました。

Sticky Notificationsというアプリケーション開発においては30%の手数料やレビュー期間の長期化を受け入れられず、デモアプリケーションの配布やアップグレード版を提供できないとしてApp Store版とは別にApp Store外でも配布を始めました。

このケースを題材にApp Storeでの配布とApp Store外での配布それぞれのメリット・デメリットについてまとめた記事[29]も公開されています。

運用は大変かもしれませんが、App StoreとApp Store外配布の併用選択肢として検討に値します。

## 2.6 証明書と署名

App Storeで配布するにしてもApp Store外で配布するにしても、証明書と署名から逃げることはできません。

証明書と用途を見ておきましょう。

### Mac Development Certificate

iCloudやプッシュ通知など、macOSの機能を使用したアプリケーションを開発する際の開発環境、またはテスト環境で必要です。

また、実装にあたってはプロビジョニングプロファイルも合わせて準備してください。

### Mac App Store Certificate

App Storeの審査に提出する際に必要で、アプリケーションバンドル用とインストーラ用があります。

### Developer ID Certificate

App Store外で配布する際には、この証明書で署名することが推奨されます。この証明書を作成するには事前にDeveloper ID[30]の準備が必要です。

Developer ID Certificateで署名すると、Gatekeeperの機能でアプリケーションがマルウェアではなく、改ざんがないことを検証できるようになります。

Mac App Store Certificate同様に、アプリケーションバンドル用とインストーラ用があります。もしApp Store外で配布しているアプリケーションをユーザがインストールしようとすると、Gatekeeperによりアプリケーションのインストールがブロックされる可能性があります。

---

29.https://mattgemmell.com/releasing-outside-the-app-store/

30.https://developer.apple.com/support/developer-id/

GatekeeperはOS X Lion v10.7.5から搭載されたセキュリティ機能で、ユーザは「セキュリティと設定」からダウンロードしたアプリケーションの実行許可について次の3つのオプションを選択することができます。

・App Store
・App Storeと確認済みの開発元からのアプリケーションを許可
・すべてのアプリケーションを許可

さらに、macOS Sierra 10.12からはデフォルトでは「すべてのアプリケーションを許可」は表示されなくなりました。

ただし、署名のないアプリケーションをcontrol +クリックで開く際に「(アプリケーション名) の開発元は未確認です。開いてもよろしいですか？」で「はい」を選択し、「セキュリティと設定」で個別に許可すれば使用可能になります。

煩雑な操作をユーザに強いることになってしまうため、App Store外で配布する際も署名を行った方がよいでしょう。

### 署名方法

Visual Studio for Macのオプションで証明書の種類、アプリケーションバンドル、インストーラそれぞれへの署名を行うかどうかをチェックボックスで設定することができます。

設定はコマンドからビルドするときにも有効なため、CI環境に証明書を準備していればCIにおけるビルド時にも署名することができます。

## 2.7 パッケージ

アプリケーションをApp Store外で配布することに決めると、さらにアプリケーションを提供する形式を決定する必要があります。

MacアプリケーションをC#で開発される方はWindowsアプリ開発も経験があると思うので、ここではWindowsのファイル形式とも比較しながら特徴をまとめます。

### アプリケーションバンドル

ファイルの拡張子は.appで、Windowsでいう.exeです。ダブルクリックするとアプリケーションが起動します。

中身はXamarin.Macで開発した場合基本的に次のような構成になっています。

```
・AppName
    Contents/
    info.plist
    MacOS/
      AppName ※ アプリケーション本体
```

```
        MonoBundle/ ※ Xamarin.Mac固有。 mscorlib.dll等使用するdllを含むフォ
ルダです。
        PkgInfo
        Resources/
```

次の2つはこのアプリケーションバンドルを**アプリケーション**フォルダに配置するのが目的という点では共通していますが、アプリケーションのインストールのためにユーザに求める操作やできることが異なります。

これから説明するインストーラパッケージやディスクイメージを直接配布するか、それらをzip形式にしたものが配布されるているのをよく目にするでしょう。

### インストーラパッケージ

ファイルの拡張子は.pkgで、Windowsでいう.msiです。

ファイルをダブルクリックするとインストール先指定等のダイアログを含むインストールフローを開始します。

図2.2: インストーラパッケージのサンプル

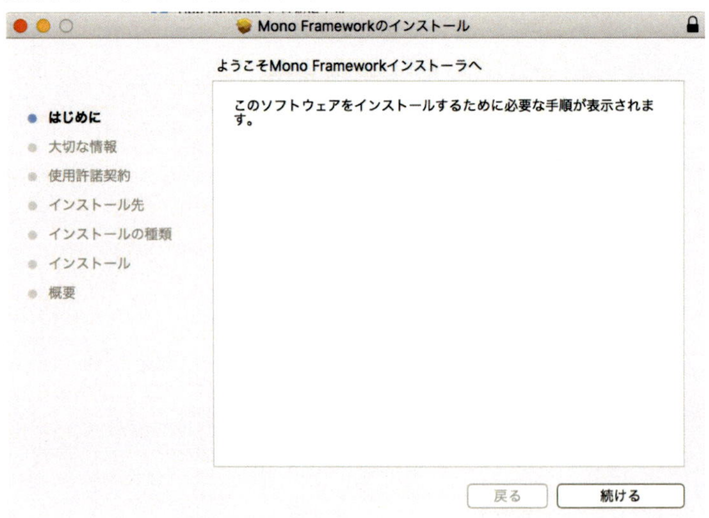


Visual Studio for Macのオプションで、インストーラパッケージもビルド成果物として出力するよう設定することができます。

図2.3: インストーラパッケージを生成するオプション

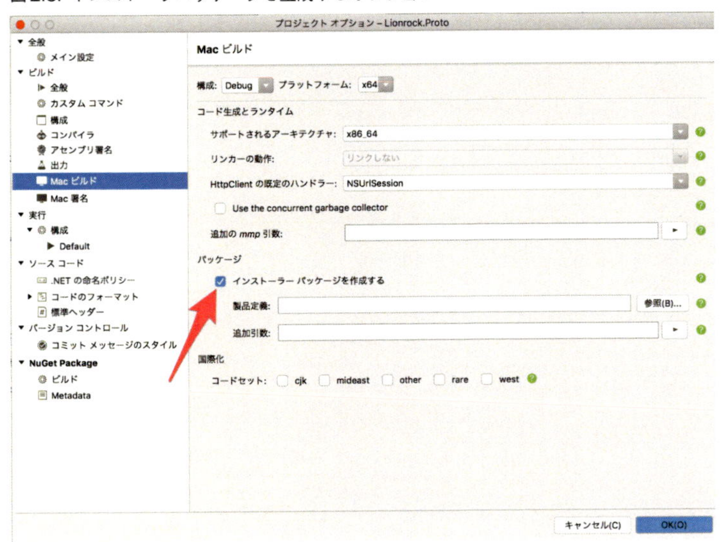


設定はコマンドからビルドするときにも有効なため、CI時にもそのまま出力可能です。

## ディスクイメージ

ファイルの拡張子は.dmgで、Windowsでいう.isoです。これ自体はインストーラではありません。

ユーザはディスクイメージをダブルクリックし、アプリケーションを**アプリケーション**フォルダに取り込みます。

ディスクイメージの中身が前述のインストーラパッケージであればインストールフローが始まりますが、アプリケーション本体と**アプリケーション**フォルダのエイリアスであれば、アプリケーションバンドルを**アプリケーション**フォルダのエイリアスにドラッグ&ドロップしてアプリケーションを起動します。

ドラッグ&ドロップせずにディスクイメージに含まれるアプリケーションを直接起動しても**アプリケーション**フォルダに自動的には残らないため、DockやLaunchpadで表示されません。

そのため、ユーザ自身でアプリケーションバンドルをアプリケーションフォルダに移動する必要があることを、図2.4のように視覚的にわかりやすく伝える必要があります。

図2.4: ディスクイメージのサンプル

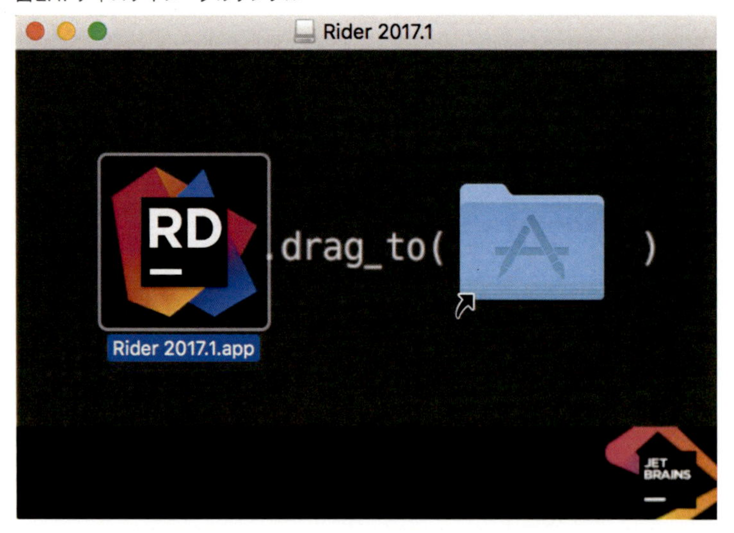


利用を想定するユーザや用途に合わせて決定すればよいと思いますが、インストーラがついていると親切でしょう。

GUI操作により作成することもできますが、コマンドやシェルスクリプト、ツールを使用して作成する方法が数多く存在します。

中でもnode-appdmg[31]は比較的シンプルにディスクイメージを作成することができます。

内部的にhdiutilコマンド[32]を使用したラッパーですが、引数をJSON化でき管理しやすいものです。

## 2.8 まとめ

本章では、Xamarin.Macでアプリケーションを開発するときに成果物をどのように配布すればよいかをApp StoreとApp Store外に分けて解説しました。この記事がXamarin.Macアプリケーション開発者の一助になれば幸いです。

31.https://github.com/LinusU/node-appdmg

32.macの標準コマンドで、ディスクイメージの検証、作成、マウント等に使用します。https://developer.apple.com/legacy/library/documentation/Darwin/Reference/ManPages/man1/hdiutil.1.html

# 第3章　Plugins for Xamarin & Unit Test

## 3.1　はじめに

みなさんもご存知のとおり、Xamarinはクロスプラットフォーム開発ツールです。適切に設計することで多くのコードをプラットフォーム間で再利用することができます。とはいえ、再利用が難しい領域も存在します。

アプリケーションをつぎの3つのレイヤーに単純化して考えてみましょう。

1．プレゼンテーション層

2．ビジネスロジック層

3．デバイス統合層

ユーザーインターフェースをプレゼンテーション層で実装し、プレゼンテーション層から適宜ビジネスロジック層を呼び出します。ビジネスロジック層では、たとえば位置情報やコンパスといったセンサー類、ファイルIOやメディアアクセスといった、デバイスに依存する処理が必要となった場合、適宜デバイス層を呼び出すといった形で、アプリケーションを実現するとします。

このとき、プレゼンテーション層とデバイス統合層の2つが、プラットフォーム間でコード共有を図ることが難しい領域となります。

本章ではデバイス統合層におけるコード再利用について解説します。

そのための手段として、Plugins for Xamarinと、Plugins for Xamarinを利用した際のビジネスロジック層のUnit Test手法について紹介します。

## 3.2　Plugins for Xamarin 概要

Xamarinでは各プラットフォームの固有APIを、.NETから利用できるように薄いラッパーを提供しています。このとき、各ラッパーはプラットフォームのAPIを.NETに「翻訳」した形で提供されます。あえて高度に抽象化された中間層を用いることなく、薄いラッパーとして.NETから利用できる形で各プラットフォームAPIが提供されていることが、Xamarinのひとつの強みでもあります。

しかし同時に、各プラットフォームAPIを直接利用してデバイス層を実装する場合、そのコード（位置情報の取得やファイルIOなど）はプラットフォーム別に実装する必要があり、プラットフォーム間で再利用することができないという課題もあります。多くのケースでは、各プラットフォームのAPIを抽象化するデバイス層を設けることで、共有率をあげることが可能なはずです。

それを再利用可能な形でライブラリとして提供するのが、Plugins for Xamarinと呼ばれるコミュニティ主導のOSSコンポーネント群です。

Plugins for Xamarinでは、たとえば次のようなものが提供されています。

- Audio Recorder
- File Storage/File System
- Geolocator
- Local Notifications
- Media

2017年9月末現在、次のサイトで40を超えるコンポーネントが提供されています。

Open Source Components for Xamarin

https://github.com/xamarin/XamarinComponents

## 3.3 Plugins for Xamarinの仕組み

本節ではPlugins for Xamarinの実現の仕組みの概略を説明します。

Plugins for Xamarinに登録されているコンポーネントには、簡単ながら規約が定義されています。

1. GitHub上でオープンソースとして提供されていること
2. GitHub上にドキュメントをREADMEファイルとして記述すること
3. 名称: "FEATURE_NAME Plugin for Xamarin and Windows"
4. Namespace: Plugin.FEATURE_NAME
5. 各種ストアに親和性の高いOSSライセンスを適用すること（MIT推奨）
6. Xamarin.Formsに依存しないこと

この中でPluginの「作り」に影響を与える規約は6.のみです。そしてXamarin.Formsに依存しないことを要求している以外は、特定の「作り」に限定されていません。

しかしPlugins for Xamarinの多くは、Visual Studio Plugin Templates[1]というプロジェクトテンプレートをベースに開発されており、Bait and Switch[2]というパターンを踏襲しています。本節では基本的にBait and Switchで作成されたコンポーネントを中心に説明します。

Bait and Switchの具体的な内容を説明するにあたり、サンプルとなるコードがあったほうがよいでしょう。本節ではJames Montemagno氏の作成した、Text To Speech Pluginを例に説明したいと思います。

---

1.https://marketplace.visualstudio.com/items?itemName=vs-publisher-473885.PluginForXamarinTemplates

2. もともとは「おとり商法」の意味で、安い商品で釣って高い商品を売りつけたり、最初はまともなWeサイトでSEOの点数を稼いだ後不正サイトへの誘導に書き換えるような詐欺手法を指す言葉でした。ここでは特定のデザインパターンを指します。

Text To Speech Plugin

https://github.com/jamesmontemagno/TextToSpeechPlugin

また詳細の説明に図を用います。図の凡例は次のとおりになります。

図3.1: 凡例

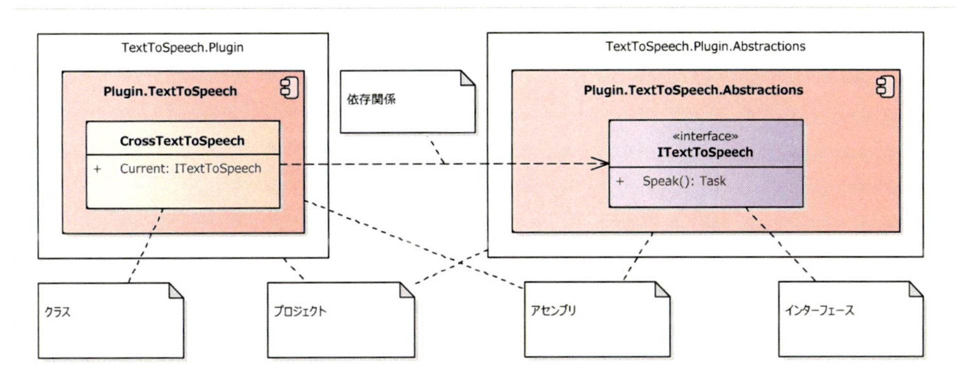


通常のプロダクトではプロジェクト名とアセンブリ名は同一のであるケースが多いでしょうが、Plugins for Xamarinでは同名アセンブリ別名プロジェクトが多数存在するため注意が必要です。

## Text To Speech Pluginソリューション解説

Text To Speech Pluginの「代表的な」クラスを記述したのが、次のモデルになります。

図3.2: Text To Speech Plugin クラス図

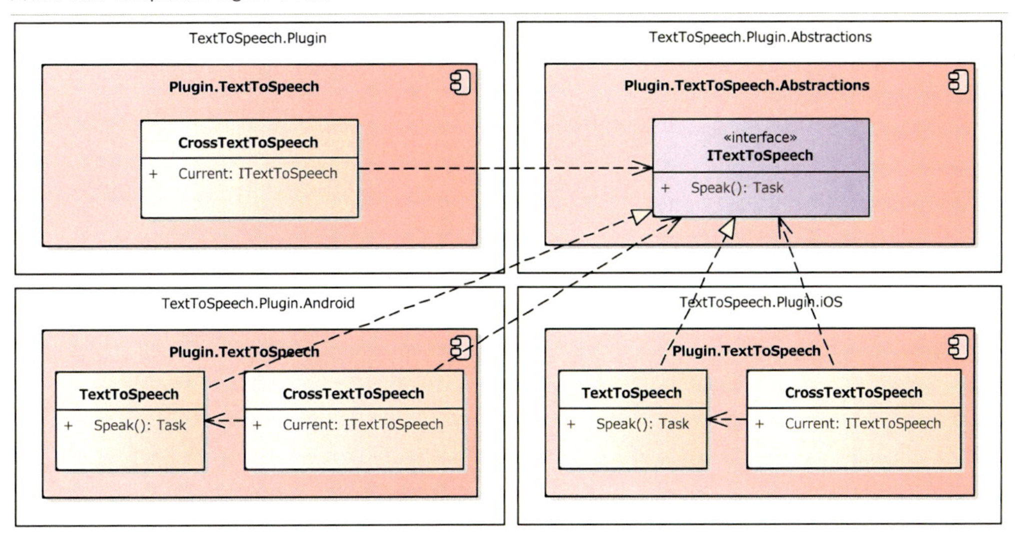


Text To Speech Pluginの具体的な使用例は次のとおりです。

リスト3.1: Text To Speech Plugin使用例

```
ITextToSpeech textToSpeech = CrossTextToSpeech.Current;
await textToSpeech.Speak("Hello, Plugins!");
```

CrossTextToSpeechクラスのCurrentプロパティからITextToSpeechのインスタンスを取得し、Speakメソッドを呼び出すことで文字列から音声に変換して出力します。

さて先ほどのクラス図において、特にに重要なポイントが3つあります。

1. Plugin.TextToSpeechという同一のアセンブリ名をもつプロジェクトが3つ（TextToSpeech.Plugin、TextToSpeech.Plugin.Android、TextToSpeech.Plugin.iOS）存在する
2. このうち、ITextSpeechの実装クラスがTextToSpeech.Pluginプロジェクトにだけ存在しない
3. CrossTextToSpeechクラスが3つ記述されているが、実ファイルはTextToSpeech.Pluginプロジェクトの1ファイルのみで、〜.Androidと〜.iOSの2つのプロジェクトへは「リンクとして追加」しており、同一ファイルを共有している

CrossTextToSpeechクラスのコードを見てみましょう。つぎのコードはCrossTextToSpeechクラスから重要な部分を抜き出しいたコードになります（一部、説明の本質と無関係な部分を修正しています)。

リスト3.2: CrossTextToSpeechクラス

```
static Lazy<ITextToSpeech> implementation =
    new Lazy<ITextToSpeech>(CreateTextToSpeech);

public static ITextToSpeech Current => implementation.Value;

static ITextToSpeech CreateTextToSpeech()
{
#if NETSTANDARD1_0
    return null;
#else
    return new TextToSpeech();
#endif
}
```

Currentプロパティの値はLazyクラスを利用し、Currentプロパティの初回取得時に遅延生成しています。

さきに説明したとおり、CrossTextToSpeechクラスは3つのPlugin.TextToSpeechアセンブリで同一のコードを共有しています。Plugin.TextToSpeechの3つのアセンブリのうち、

TextToSpeech.Pluginプロジェクトのみ.NET Standard 1.0プロジェクトのためnullが返却され、それ以外の〜.Androidと〜.iOSの2つのプロジェクトでは、それぞれのプロジェクトで別々に実装されたTextToSpeechクラスのインスタンスを生成しています。

では、生成されたアセンブリがNuGetからダウンロード時にどのように適用されるか、nuspecファイルを見てみましょう。(紙面の都合で適宜改行しています)

リスト3.3: nuspecファイル抜粋

```
<!--Core-->
<file src=
    "src\TextToSpeech.Plugin\bin\Release\netstandard1.0\
   Plugin.TextToSpeech.*" target="lib\netstandard1.0"/>

<!--Xamarin.Android-->
<file
   src="src\TextToSpeech.Plugin.Android\bin\Release\
   Plugin.TextToSpeech.*" target="lib\MonoAndroid10" />

<!--Xamarin.iOS Unified-->
<file
   src="src\TextToSpeech.Plugin.iOS\bin\iPhone\Release\
   Plugin.TextToSpeech.*" target="lib\Xamarin.iOS10" />
```

このXMLでは、NuGetからパッケージをダウンロードした場合に、どのプロジェクトにどのアセンブリを適用するか定義しています。具体的にはユーザーの作成したプロジェクトの種類別につぎのように適用されます。

Xamarin.Androidプロジェクト

- TextToSpeech.Plugin.Androidプロジェクトから生成されたPlugin.TextToSpeech.dll
- TextToSpeech.Plugin.Abstractionsプロジェクトから生成された
  Plugin.TextToSpeech.Abstractions.dll

Xamarin.iOSプロジェクト

- TextToSpeech.Plugin.iOSプロジェクトから生成されたPlugin.TextToSpeech.dll
- TextToSpeech.Plugin.Abstractionsプロジェクトから生成された
  Plugin.TextToSpeech.Abstractions.dll

それ以外の.NET Standard 1.0が利用可能なプロジェクト

- TextToSpeech.Pluginプロジェクトから生成されたPlugin.TextToSpeech.dll
- TextToSpeech.Plugin.Abstractionsプロジェクトから生成された

Plugin.TextToSpeech.Abstractions.dll

鋭い方はすでに理解されているかもしれませんが、これらがどのような意味をもつのか詳しく説明していきましょう。

### アプリケーション ソリューション解説

Text To Speech Pluginを利用したアプリケーションをビルドする際のクラス関係を図示したのがつぎのクラス図になります。

図3.3: ビルド時 クラス図

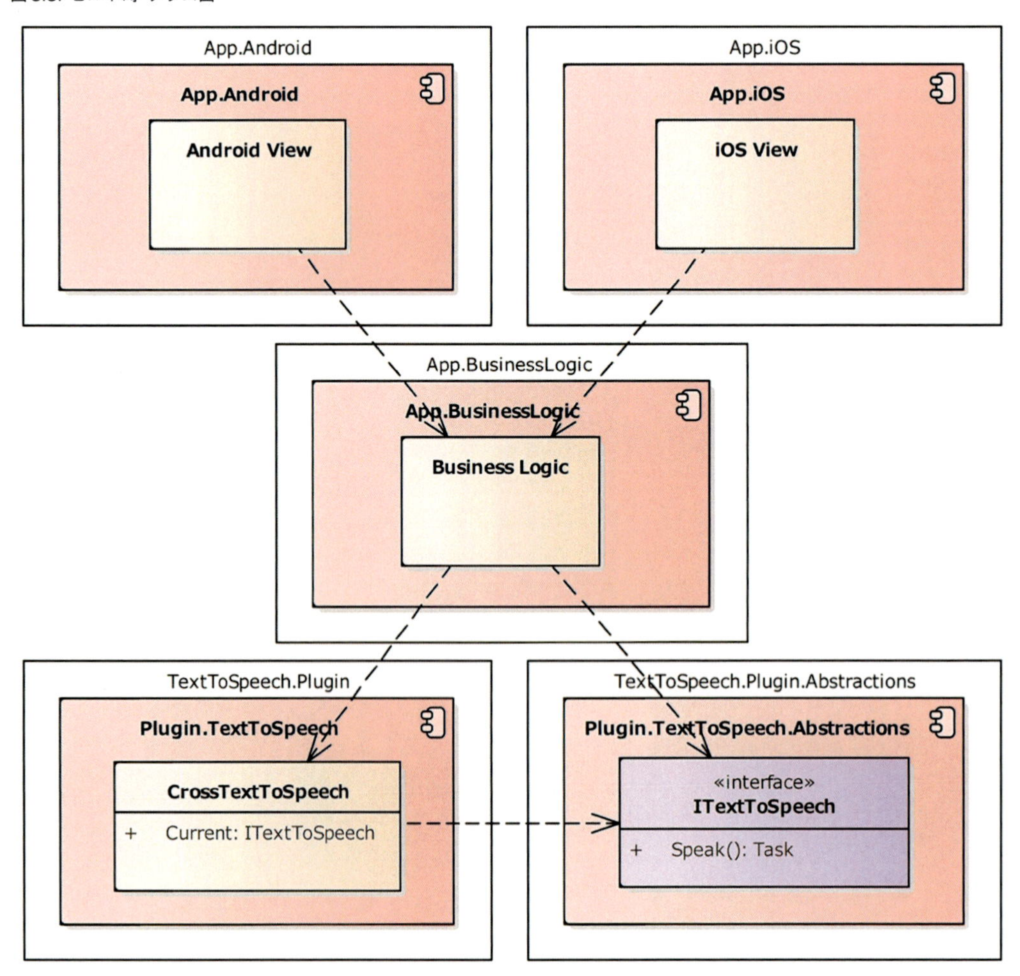


プラットフォーム別のApp.AndroidとApp.iOSのいずれのViewも、Business Logicクラスを利用します。Business Logicクラスは、CrossTextToSpeechクラスのCurrentプロパティからITextToSpeechを取得し、Speakメソッドを呼び出します。App.BusinessLogicプロジェクトは.NET Standardもしくはプロファイルベースのpcl（の.NET Standard 1.0以上をサポートしたプロファイル）いずれかで実装します。

先ほどのnuspecの.NET Standardもしくはプロファイルベースのペースの PCLプロジェクトの条件を改めてみてみましょう。

リスト3.4: nuspecファイル 抜粋

```
<file
    src="src\TextToSpeech.Plugin\bin\Release\netstandard1.0\
    Plugin.TextToSpeech.*" target="lib\netstandard1.0"/>
```

ポイントはApp.BusinessLogicプロジェクトが.NET Standardもしくはプロファイルベースのベースの PCLプロジェクトであるため、ビルド時に参照されるCrossTextToSpeechクラスは、.NET Standard 1.0向けにビルドされたTextToSpeech.Pluginプロジェクトから作成されたPlugin.TextToSpeechアセンブリに含まれるクラスであるという点にあります。

TextToSpeech.Pluginプロジェクトから作成されたPlugin.TextToSpeechアセンブリは、AndroidやiOSのAPIに一切依存していないため、.NET Standardもしくはプロファイルベースのベースの PCLで作成されるだろうプラットフォーム間の共通コード（今回の場合はApp.BusinessLogic）から参照してビルドを実行することが可能です。

このアセンブリはビルド時の参照の解決にのみ使用しています。仮にこの参照アセンブリがそのまま実行されても、Currentプロパティは必ずnullが返されるため（先に記載したCrossTextToSpeechクラスのCreateTextToSpeechメソッドを参照）、正常に実行することはできません。

### 個別プラットフォーム 配置時解説

さて、ビルド時にCrossTextToSpeechを直接実行するコードが参照するのは、実際文字列から音声へ変換するコード（つまりITextToSpeechの実装クラス）を含まない、実際には実行することのできないアセンブリでした。

しかし、AndroidやiOSに実際に配置して実行すると、ちゃんと文字列は音声に変換されます。なぜでしょうか？ポイントは同一名アセンブリが複数あることと、nuspecファイルにあります。各プラットフォームの配置時の依存関係から、動作する理由を説明しましょう。

#### Android

Android実行モジュールのビルド時に参照されるアセンブリがどう解決されるか？改めてnuspecファイルを見てみましょう。

リスト3.5: nuspecファイル抜粋

```
<file
    src="src\TextToSpeech.Plugin.Android\bin\Release\
    Plugin.TextToSpeech.*" target="lib\MonoAndroid10" />
```

さきにも記載されたとおり、Androidプロジェクトに対しては、つぎの2つのアセンブリが配置されます。

- TextToSpeech.Plugin.Androidプロジェクトから生成されたPlugin.TextToSpeech.dll
- TextToSpeech.Plugin.Abstractionsプロジェクトから生成されたPlugin.TextToSpeech.Abstractions.dll

モデルにすると、つぎのとおりです。

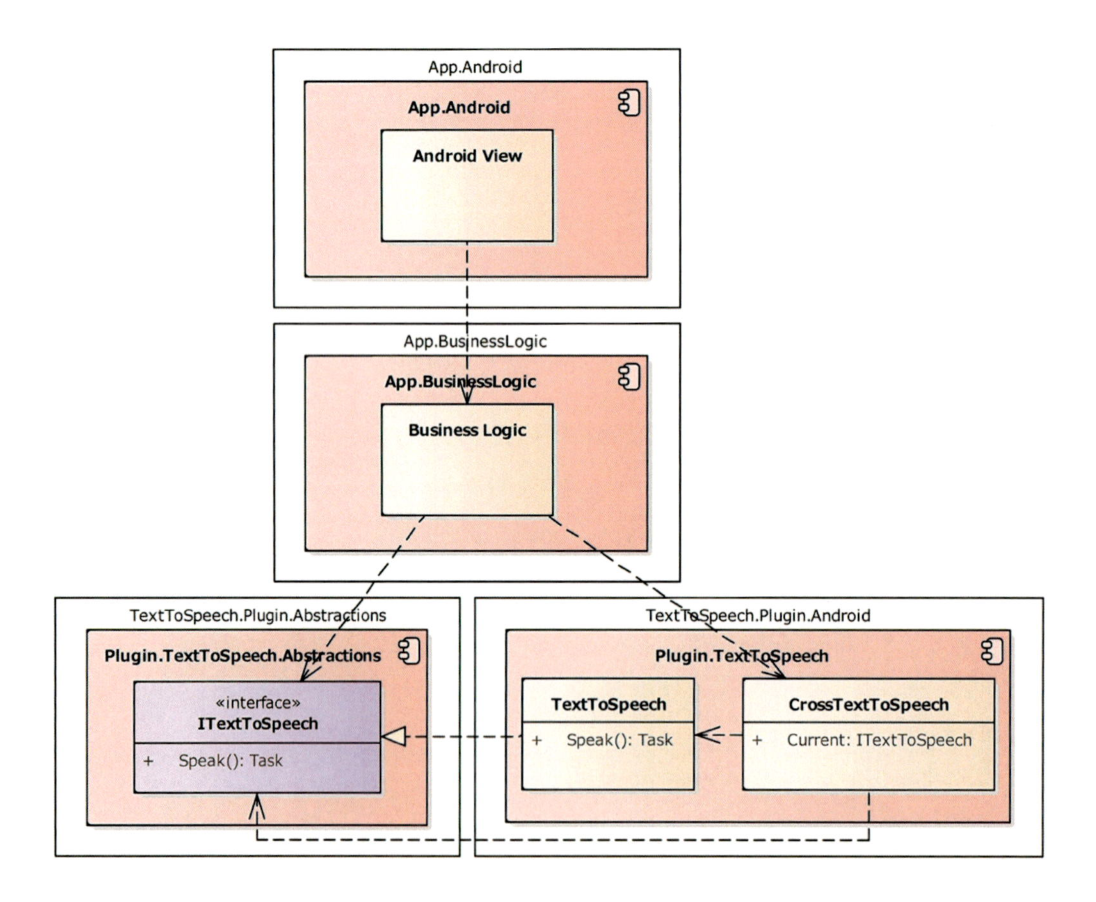


ビルド時とは異なり、配置されるPlugin.TextToSpeechアセンブリのもととなったプロジェクトは、TextToSpeech.Plugin.Androidプロジェクトによって生成されたものになっています。

このためCrossTextToSpeechクラスのCurrentプロパティを取得すると、Android向けに実装されたTextToSpeechのインスタンスが取得され、文字列から適切に音声に変換されることとなるわけです。

iOS

iOSの場合も同様です。つぎの図がiOSへ配置時のモデルです。

図3.5: iOS配置時 クラス図

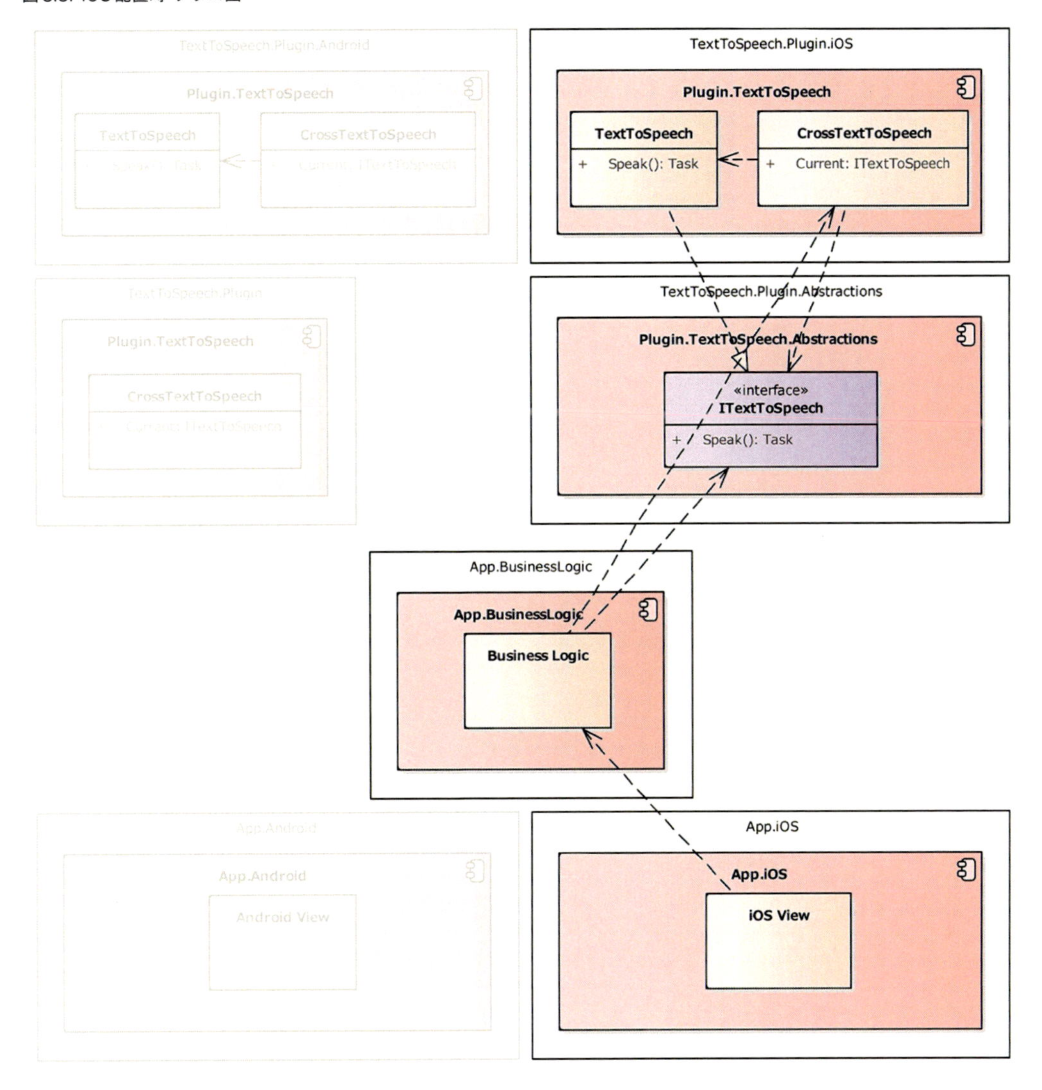


TextToSpeech.Plugin.iOSプロジェクトによって生成されたPlugin.TextToSpeechアセンブリが配置されており、実行すると文字列から音声へ正しく変換されます。

### Bait and Switchまとめ

1. 「サポート対象のプラットフォーム数+1（ビルド用）」の数だけ、同一名・別実装のアセンブリを用意する
2. ビルド時と実行時で、同一名・別実装のアセンブリを切り替えて配置する
3. ビルド時はプラットフォーム間で共有するコードから利用できるよう、.NET Standardもしくはプロファイルベースの PCLなどで実装された、ビルド用（つまり「おとり」）アセンブリを利用する

「おとり（Bait）」を利用してビルドし、配置時に対象のプラットフォームように実装されたアセンブリに「切り替え（Switch）」ることで動作させるのが、Bait and Switchパターンです。

## 3.4 Bait and SwitchとUnit Test

### 問題点と対策方針

本題に入りましょう。

あらためてText To Speech Pluginの実装例をご覧ください。

リスト3.6: Text To Speech Plugin使用例

```
public class BusinessLogic
{
    public async Task Speak(string message)
    {
        ITextToSpeech textToSpeech = CrossTextToSpeech.Current;
        await textToSpeech.Speak(message);
    }
}
```

Unit Testの対象と考えた場合、このコードは問題を抱えています。

このコードに対してUnit Testを作成し、デスクトップ上で実行した場合、ITextToSpeechのインスタンスが取得できず、結果としてBusinessLogicクラスのUnit Testが実行できないのです。

これは先にも説明した、CrossTextToSpeechクラスが次のように実装されていることが要因です。

リスト3.7: CrossTextToSpeechクラス

```
static Lazy<ITextToSpeech> implementation =
    new Lazy<ITextToSpeech>(CreateTextToSpeech);

public static ITextToSpeech Current => implementation.Value;

static ITextToSpeech CreateTextToSpeech()
{
#if NETSTANDARD1_0
    return null;
#else
    return new TextToSpeech();
#endif
```

```
}
```

これを解決するためには、2つの選択肢があります。

1. Unit Testをエミュレーターや実機といったデバイス上で実施する
2. Unit Test時はITextToSpeechのMockを利用する

デバイスを操作する箇所（例えばPluginそのもの）がテスト対象であった場合は1.を採用する必要があります。

しかしPluginの利用者をテストする場合、2.を選択することをおすすめします。もちろんこの場合、Pluginは正しく動作するか、Pluginは別途1.の方法でUnit Testを行うという前提上に成り立ちます。

1.の方法を利用してPluginの利用者をテストすると、ふたつの課題が発生します。

1. デバイス上でのUnit Testは実行に手間も時間もかかり、手軽に実施することが難しい
2. Pluginでは位置情報やセンサーといったデバイスに依存する機能が対象となるケースが多く、デバイスを使うとUnit Testの作成が困難である

後者について、位置情報を利用したロジックのUnit Testをデバイス上で実行するとした場合、特定の物理ロケーションに依存しかねなかったり、位置を移動した場合のテストをどう書くかという課題があります。

これらの課題は解決することは不可能ではないでしょうが、容易なことではありません。やはりPlugin利用者のテストにおいて、PluginはMockを利用することを検討すべきでしょう。

Unit TestでMockを利用する場合、代表的な手法として、つぎの2つのパターンが考えられます。

1. Dependency Injectionパターンを利用する
2. Service Locatorパターンを利用する

CrossTextToSpeechクラスのCurrentを直接利用してITextToSpeechのインスタンスを取得するのではなく、Dependency Injection（以降、DI）またはService Locatorパターンを利用することで解決が可能です。

本章ではDIパターンを利用した例を説明します。[3]

DIパターンを実装するにあたりDIコンテナを利用します。DIコンテナにはAutoFacを利用します。

またUnit TestのサンプルコードにはxUnitを利用します。

大まかに次の手順で修正していきます。

1. BusinessLogicクラスにITextToSpeechの注入
2. DIコンテナの初期化と公開

3.個人的にService Locatorパターンは問題となるケースも多いため、お勧めできません。DIとService Locatorの比較はつぎのリンクをご覧ください。http://www.nuits.jp/entry/servicelocator-vs-dependencyinjection

3．ViewにおいてDIコンテナからBusinessLogicインスタンスの取得

### BusinessLogicクラスにITextToSpeechの注入

Speakメソッド内でCrossTextToSpeechクラスのCurrentプロパティを取得していた箇所を削除し、代わりにコンストラクタの引数でITextToSpeechを受け取り、Speakメソッドで利用するように修正します。

リスト3.8: BusinessLogicへITextToSpeechを注入

```
public class BusinessLogic
{
    private readonly ITextToSpeech _textToSpeech;

    public BusinessLogic(ITextToSpeech textToSpeech)
    {
        _textToSpeech = textToSpeech;
    }

    public async Task Speak(string message)
    {
        await _textToSpeech.Speak(message);
    }
}
```

このように改修することにより、Unit Testで任意のITextToSpeechのMockを適用し、容易にテストが可能となります。Unit Testの具体例は、つぎのとおりです。Unit TestフレームワークにはxUnitを利用しています。

リスト3.9: Unit Test実装例

```
public class BusinessLogicFixture
{
    [Fact]
    public async Task TestSpeak()
    {
        var mock = new TextToSpeechMock();
        var businessLogic = new BusinessLogic(mock);

        var expected = "text";
        await businessLogic.Speak(expected);

        Assert.Equal(expected, mock.Text);
```

```
    }

    private class TextToSpeechMock : ITextToSpeech
    {
        public string Text { get; set; }
        public Task Speak(
            string text,
            CrossLocale? crossLocale = null,
            float? pitch = null,
            float? speakRate = null,
            float? volume = null,
            CancellationToken? cancelToken = null)
        {
            Text = text;
            return Task.CompletedTask;
        }

        ・・・以下省略
```

任意のITextToSpeechの実装クラスをBusinessLogicへ注入することで、BusinessLogicのSpeakに渡されたパラメーターが、適切にITextToSpeechのSpeakメソッドへ受け渡されてることが、容易にテストできるようなっています。

### DIコンテナの初期化と公開

適切なITextToSpeechが注入されたBusinessLogicを生成するためには、BusinessLogicクラスへ注入するITextToSpeechの実装クラスをDIコンテナへ登録[4]しておく必要があります。

なおDIコンテナの初期化と、初期化したDIコンテナの必要箇所からの参照方法は、アプリケーション全体のアーキテクチャによって最適な手法は大きく異なってきます。本章はあくまでPlugins for Xamarinとその利用箇所のUnit Testの手法が目的であるため、DIパターンの適用方法についてはあくまで簡易的なものです。実際のプロダクトでは、プロダクトのアーキテクチャに合わせた適切な適用方法を検討してください。

#### DIコンテナの初期化と公開：Android

ここではMainActivityでDIコンテナの初期化と公開を行う例を示します。

リスト3.10: DIコンテナの初期化と公開

```
public class MainActivity : Activity
{
```

4. 厳密にはインスタンスを生成するFuncを登録する方法なども存在します。登録は個別のプラットフォーム毎に行う必要があります。

```
    public IContainer Container { get; set; }

    protected override void OnCreate (Bundle bundle)
    {
        base.OnCreate (bundle);

        var builder = new ContainerBuilder();
        builder.RegisterType<BusinessLogic>();
        builder.Register(_ =>
CrossTextToSpeech.Current).As<ITextToSpeech>();

        Container = builder.Build();
        ・・・以下省略
```

ITextToSpeechのインスタンスが必要となった場合、その都度CrossTextToSpeech.Currentを取得するよう登録しています。

DIコンテナの初期化と公開：iOS

ここではMain.csファイルのApplicationクラスでDIコンテナの初期化と公開を行う例を示します。

リスト3.11: DIコンテナの初期化と公開

```
public static IContainer Container { get; set; }
// This is the main entry point of the application.
static void Main (string[] args)
{
    var builder = new ContainerBuilder();
    builder.RegisterType<BusinessLogic>();
    builder.Register(_ =>
CrossTextToSpeech.Current).As<ITextToSpeech>();

    Container = builder.Build();
    ・・・以下省略
```

ViewにおいてDIコンテナからBusinessLogicインスタンスの取得方法

ITextToSpeechが注入されたBusinessLogicのインスタンスを取得する方法を説明します。

なお「DIコンテナの初期化と公開」と同様に、この方法もあくまで簡易的な方法です。実際のプロダクトでは、プロダクトのアーキテクチャに合わせた適切な適用方法を検討してください。

### BusinessLogicインスタンスの取得方法：Android

BusinessLogicの必要箇所で、次のように取得・実行します。

リスト3.12: BusinessLogicインスタンスの取得方法：Android

```
var businessLogic = MainActivity.Container.Resolve<BusinessLogic>();
await businessLogic.Speak("message");
```

### BusinessLogicインスタンスの取得方法：iOS

BusinessLogicの必要箇所で、次のように取得・実行します。

リスト3.13: BusinessLogicインスタンスの取得方法：iOS

```
var businessLogic = Application.Container.Resolve<BusinessLogic>();
await businessLogic.Speak("message");
```

## 3.5 その他注意事項

ここまでで、一般的なPlugins for Xamarinを利用するクラスのUnit Testが実装可能となりました。しかし、場合によってはこれまで解説した手法では解決できないケースが存在します。

本節では、いくつかの特殊なケースをもとに、その解決策を提示します。

### 個別プラットフォーム別クラスの生成処理が重い場合

たとえばText To Speech Pluginの場合におけるTextToSpeechクラスのコンストラクタに重たい処理が含まれていた場合、次のようにDIコンテナへ登録することには問題があります。

リスト3.14: DIコンテナの初期化

```
var builder = new ContainerBuilder();
builder.RegisterType<BusinessLogic>();
builder.Register(_ => CrossTextToSpeech.Current).As<ITextToSpeech>();
```

BusinessLogicクラスはコンストラクターにITextToSpeechを引数にとりますが、そのITextToSpeechインスタンスにはCrossTextToSpeech.Currentから取得されたインスタンスを利用します。このときTextToSpeechクラスのコンストラクタが重たい処理であった場合、ITextToSpeechを注入されるクラスのインスタンス化が重たい処理となってしまいます。

この現象が問題となる場合、ITextToSpeechではなく、ITextToSpeechLocatorのようなITextToSpeechを取得するインターフェースをDIコンテナへ登録することで解決することができます。

まずITextToSpeechのインスタンスを取得するITextToSpeechLocatorとTextToSpeechLocatorの実装クラスを作成します。

リスト3.15: ITextToSpeechLocator.cs

```
public interface ITextToSpeechLocator
{
    ITextToSpeech Resolve();
}

public class TextToSpeechLocator : ITextToSpeechLocator
{
    public ITextToSpeech Resolve()
    {
        return CrossTextToSpeech.Current;
    }
}
```

続いて、BusinessLogicへ注入していたオブジェクトをITextToSpeechからITextToSpeechLocatorへ変更します。

リスト3.16: BusinessLogic クラスへ ITextToSpeechLocator の適用

```
public class BusinessLogic
{
    private readonly ITextToSpeechLocator _textToSpeechLocator;

    public BusinessLogic(ITextToSpeechLocator textToSpeechLocator)
    {
        _textToSpeechLocator = textToSpeechLocator;
    }

    public async Task Speak(string message)
    {
        await _textToSpeechLocator.Resolve().Speak(message);
    }
}
```

そしてDIコンテナの初期化も、次のようにITextToSpeechからITextToSpeechLocatorへ変更します。

リスト3.17: DIコンテナの初期化

```
var builder = new ContainerBuilder();
builder.RegisterType<BusinessLogic>();
builder.RegisterType<TextToSpeechLocator>.As<ITextToSpeechLocator>();
```

このように実装することで、「重たいコンストラクタをもつクラス」を注入されるクラスの初期化が、引きずられて「重く」なってしまうことを回避できます。「重たいコンストラクタ」の実行は、そのクラスが必要になるタイミングまで遅延されます。

### Cross～クラスが存在しない場合

多くのPluginはプロジェクトテンプレートの推奨構成に従って実装されていますが、稀にCross～クラスが存在しないようなケースがあります。具体的にはAudio Recorder plugin for Xamarin and Windowsなどが該当します。

Audio Recorder pluginではCross～クラスを使わず、つぎのように直接コンストラクタを呼び出して利用します。

リスト3.18: Audio Recorder pluginの使用例

```
recorder = new AudioRecorderService
{
        StopRecordingOnSilence = true,
        StopRecordingAfterTimeout = true,
        TotalAudioTimeout = TimeSpan.FromSeconds (15)
};
await recorder.StartRecording ();
```

そしてAudio Recorder pluginでは残念なことに、AudioRecorderServiceに対応するインターフェースが存在しません。

このようなPluginを利用するコードのUnit Testを実装するためには、つぎのような手順が必要となります。

1. AudioRecorderServiceをラップするインタフェースとプロキシークラスの用意
2. 上記クラスのインスタンスを取得するインターフェースと実装クラスの用意
3. 必要なコンポーネントのDIコンテナへの登録

### AudioRecorderServiceをラップするインタフェースとプロキシークラスの用意

AudioRecorderServiceをラップするインタフェースとプロキシークラスを作成します。基本的にはラップするクラスを踏襲するインターフェースを定義すればよいのですが、今回はTaskを返却するメソッドが～Asyncとなっていなかったため修正しました。

リスト3.19: IAudioRecorderService

```
public interface IAudioRecorderService
{
    Task StartRecordingAsync();
}

public class AudioRecorderServiceProxy : IAudioRecorderService
{
    private readonly AudioRecorderService _audioRecorderService;

    public AudioRecorderServiceProxy()
    {
        _audioRecorderService = new AudioRecorderService
        {
            StopRecordingOnSilence = true,
            StopRecordingAfterTimeout = true,
            TotalAudioTimeout = TimeSpan.FromSeconds(15)
        };
    }

    public Task StartRecordingAsync()
    {
        return _audioRecorderService.StartRecording();
    }
}
```

IAudioRecorderServiceのインスタンスを取得するインターフェースと実装クラスの用意

IAudioRecorderServiceのインスタンスを取得するインターフェースと実装クラスを作成します。

リスト3.20: IAudioRecorderServiceLocator

```
public interface IAudioRecorderServiceLocator
{
    IAudioRecorderService Resolve();
}

public class AudioRecorderServiceLocator :
IAudioRecorderServiceLocator
{
    public IAudioRecorderService Resolve()
```

```
    {
        return new AudioRecorderServiceProxy();
    }
}
```

### 必要なコンポーネントのDIコンテナへの登録

作成した必要コンポーネントをDIコンテナへ登録します。

リスト3.21: IAudioRecorderService関連のDIコンテナへの登録

```
var builder = new ContainerBuilder();
builder.RegisterType<BusinessLogic>();
builder.RegisterType<AudioRecorderServiceLocator>()
builder.RegisterType<AudioRecorderServiceProxy>()
       .As<IAudioRecorderServiceLocator>();
builder.RegisterType<AudioRecorderServiceProxy>()
       .As<IAudioRecorderService>();
Container = builder.Build();
```

IAudioRecorderServiceLocatorをBusinessLogicなどに注入して利用します。

リスト3.22: IAudioRecorderService関連のDIコンテナへの登録

```
public class BusinessLogic
{
     private readonly IAudioRecorderServiceLocator
_audioRecorderServiceLocator;

     public BusinessLogic(IAudioRecorderServiceLocator
audioRecorderServiceLocator)
     {
         _audioRecorderServiceLocator = audioRecorderServiceLocator;
     }

     public Task StartRecordingAsync()
     {
         return _audioRecorderServiceLocator.StartRecordingAsync();
     }
}
```

## 3.6 まとめ

本章では、Plugins for Xamarinの解説と、Plugin for Xamarinを利用する場合のUnit Test戦略について解説しました。

Plugins for Xamarinは、デバイスへ直接依存するコードをプラットフォーム共通コードから利用することを可能とするライブラリです。実現手段として多くのライブラリではBait and Switchというデザインパターンを利用しています。

Plugins for Xamarinを利用した場合、多くの場合デスクトップ上で正しく動作しません。そのためPlugins for Xamarinの利用者コードをUnit Testする場合、何らかの対策が必要になります。

本章では、その具体的な対策としてDependency Injectionパターンを利用する方法を紹介しました。またDependency Injectionをそのまま適用しただけでは解決できない課題の対処方法をいくつか紹介しました。

Xamarinでクロスプラットフォーム開発を行う上で、Plugins for Xamarinは大きな武器になるでしょう。ぜひこれを機会にPlugins for Xamarinをご利用いただき、その際には本章の内容を思い出していただけたら幸いです。

# 第4章　MonkeyFest2017 参加レポート

## 4.1　あらまし

筆者は、2017年9月22日、23日とMicrosoft Singaporeを会場にXamariners社[1]が主催した、MonkeyFest 2017[2]というイベントにスピーカーとして参加しました。

Global Xamarin Summitと銘打つだけあり、かつて開催されていたEvolve[3]レベルのイベントを目指していたようで、Call for Paperによるスピーカーの公募を行っており、また参加費もそれなりに高額だったためスピーカーの旅費・宿泊費が負担される旨告知されていました。東南アジアならまあ英語にもそこまで厳しくなかろうという思いもあり、初めての海外発表の場として挑戦してみました。

本章は、私がどのように当日に向け準備を進めたかの記録と、イベント参加レポート、そしてシンガポール観光情報で構成されています。まだ海外で発表をしたことがない、またスピーカー公募に応募したことがない方の心的障壁を少しでも下げられればと考えて筆を執ったものです。

## 4.2　Call For Paperへの応募

「トークテーマの募集」です。話したいことのあらまし、想定聴講者のレベル、セッションなのかライトニングトークなのかといった形式などを添えて、発表者として応募します。MonkeyFestの場合はPaperCall.io[4]というサービスを使っていたため、本項で説明するような項目が必要でした。

### Talk Abstract

300字以内で自身のトークのあらましを説明する、いわばエレベーターピッチです。多くとも4〜5センテンスが適切な分量ではないでしょうか。

> Xamarin is not just Mobile App development platform, but also Dekstop App development platform. In this session, you can see what Xamarin.Mac brings to you, the power of Cocoa binding feature iOS lacks, and how to cooperate with other platforms such as WPF, UWP and iOS.

---

1.xamariners.com 受託開発、コンサルティングを業とするシンガポールの会社。

2.www.monkeyfest.io

3.Xamarin Evolve。2016年まで開催されていた、Xamarin開発者カンファレンス。

4.www.papercall.io イベントのトークを募集するプラットフォーム。

ここでは、

1．どのような事柄について説明するセッションなのか

2．聴衆はセッションからどのような知見を得られるのか

の2点を抑えるのが肝要です。

### Talk Description

レビュアー、そして聴講者にトークの詳細な内容が伝わるような説明を記します。

> This session contains following topics:
>
> - Introduction of Xamarin.Mac
>
> - Development environment
>
> - First step to using Cocoa binding
>
> - Cooperate with other platforms - WPF, UWP, and iOS with a lot of demonstrations, actual codes.

募集の文体は自由ですが、箇条書きにしておくとレビュアーにも自分にも優しいのではないかと思います。そのままアジェンダにできるかもしれないので、ここでだいたいの方向性を整理しておきました。

### Notes

発表者がこのトークをするのに適していることをレビュアーにアピールします。

> - 4 years experience of desktop application development with Xamarin.Mac and WPF
>
> - wrote the article "The first step to Xamarin.Mac" in the book [Essential Xamarin Yin] (https://atsushieno.github.io/xamaritans/tbf2.html)
>
> - Microsoft MVP for VisualStudio and Development Technologies
>
> - have sessions in Japan Xamarin User Group and Japan C# User Group
>
> one of session: http://aile.hatenablog.com/entry/2016/05/07/163421

自身がトークに関連して取り組んできたことを箇条書きにするのがわかりやすいでしょう。もし自分の所属先がトークにプラスの影響を与えるなら、これも記しておくべきです。今回は特に必要なかったので、所属先や職歴、学歴については記載しませんでした。

### Attributes

### Talk Format

Talk, Workshop, Lightning talkから選択することとなっていました。今回はTalkを選択しました。

Audience Level

想定している聴講者のレベルです。All, Beginner, Intermediate, AdvancedからBeginnerを選択しました。

Tags

発表内容に関連付けるタグ。mac, integrate, buildを選択しました。

## 4.3 採択まで

2017/05/15

ペーパーを提出。祈る。

2017/06/01

主催者から不穏なメッセージが入る。

> Hi Tsubasa,
>
> Thank you for your submission. This is truly awesome that you are considering speaking at the first MonkeyFest event.
>
> There has been some recent development with the conference internals, and as a result, MonkeyFest is now a free community event; This is great as free is good. But this means that we are no longer able to support speakers expenses.
>
> That would be great if you would still be interested to speak at the event; Failing that, please retract your submission so we can proceed to the CPF next steps.
>
> Kind Regards,
>
> Ben Ishiyama-Levy ben@xamariners.com

いろいろ検討したけどフリーのコミュニティイベントにすることにした、したがって旅費とかの負担は難しいんだけどどうする？ということ。大分雲行きの怪しさを感じつつ、しかし勤務先で出張扱いにしていいとおっしゃっていただけたため（そう、イベントの日は平日だったので調整していたのです）、次のように返信。

> Hi Ben-san,

> Thank you for letting me know. Even so, I wanna speak at the event if my submission approved.
>
> Thank you again for your support.
>
> Tsubasa

2017/06/02

主催者からのメッセージ。

> Hi Tsubasa-san
>
> That is great news.
>
> And the Xamarin.Mac is especially relevant as the Mac App Store can be a lucrative source for .Net developers to tap on.
>
> Approving!

ということで採択されました。PaperCall.ioでは採択後に「本当にイベントにこの内容で参加する」旨を主催者に通知するステップがあります。といってもメッセージ内のURLをクリックしてフォームを埋めるだけです。これで晴れて舞台が用意されました。

2017/07/04

公式サイトのアップデートが始まり、スピーカーリストが更新されていました。オンラインから適当に引っ張ってきた写真とTwitterのbioで更新されていたので、メールでデータを送りました。

> I've attached my recent photo and bio.
>
> --
>
> Tsubasa HIRANO
>
> Engineer, Lifebear
>
> short ver:
>
> Tsubasa is an engineer at Lifebear, also known as 'Xamarin.Mac fanatic', based in Japan.
>
> long ver:
>
> Tsubasa is an engineer at Lifebear, where creating the most famous daily planner app in Japan.

> Currently he focused on mobile platform development using Xamarin.iOS/Android, also has been writing applications for desktop platforms using Xamarin.Mac and WPF for over 4 years. He is a Microsoft MVP for VS and DevTechs, Evangelist for OzCode -- an amazing debugging add-on for Visual Studio, one of the author of the book 'Essential Xamarin'.
>
> --

公式サイトはほぼ即日アップデートされました。

図 4.1: Short ver.

図 4.2: Long ver.

## 4.4 セッションの準備

次のような流れで進めることにしました。

1．発表の流れを日本語でざっくり作る
2．Keynoteで流れに沿って組む
3．発表者ノートに必ずしゃべりたい文章を書いておく
4．デモと、そこでどうしてもしゃべりたい部分の原稿を作る
5．残りの細かい部分は現地で調整

取り組み始めたのは一ヶ月前の8月後半です。通常日本語でセッションするときはもっと短い期間で準備しています。事前に準備しておいたところで、発表前日辺りに更新がかかるような内容ばかりやってきていたので、自然とこのようなスタイルになっています。

### 発表の流れ

しゃべりたいなあ、と考えていることをざっくり書き出します。次に示すのは印刷用に体裁を整えていますが、ほぼ原文ママです。

intro

- Xamarin.Macに触ったことないひとがほとんどだと思う
- イベント後半でみんな疲れてると思うし、だらだらしゃべらず、できるだけデモを多く

agenda

- Xamarin.Mac と Xamarin.iOSの関係を軸としたXamMac概要
- Pomodoro タイマープログラム（Xamarin公式ブログより引用[5]）をさくっと作って流れをつかむ
  - -> Hello, worldでよくない？
- Xamarin.Mac のフレームワーク、参照解決まわりをすこしさらう
- Cocoa バインディングを使ったサンプルを実装（Essential Xamarin[6]より）
- Gochiusearch[7]を例に、Windows向けアプリからの移行戦略とストアに提出する上で考慮が必要なこと
- まとめ Cocoaとnetfx[8]のいいとこ取りができる点が際立つMac

Xamarin.Macとは

- iOSと異なりJIT[9]なのでデスクトップMonoとほぼ同等
- iOSと同じチューンされたランタイムで実行される

---

5.Xamarin Blog の Building Your First macOS App という記事で紹介されている簡単なタイマープログラム。https://blog.xamarin.com/building-your-first-macos-app/

6. 技術書典２で頒布された「Xamarin コミュニティの最先端技術者による全方位の解説書」。https://nextpublishing.jp/book/9072.html

7. ご注文はうさぎですか？１期・２期の全画像約 100 万枚を対象とした検索エンジン ごちうサーチ。https://github.com/ksasao/Gochiusearch

9.Just In Time コンパイラのこと。実行時にマネージドコードをネイティブコードにコンパイルする。対義語は AOT（Ahead Of Time）。

・リンカーを使ってバイナリサイズ削減を行うことができる
・ランタイム同梱で配るのも簡単

Hello, Xamarin.Mac world.
・VisualStudioでソリューションを作る
・とりあえず空のアプリで動かす（ターゲットデバイスとか選ばなくてもすぐ開始できる！）
・TextFieldとButtonをXcodeで配置、Outlet作成
・NSAlertでHello, {TextField.StringValue}! する

Cocoaバインディング（Essential Xamarinをざっとやる）
・NSObjectには変更通知機構がある、これを使ってXAMLプラットフォームのようなバインディングが実現できる
・iOSプロジェクトに存在しないタブがある（バインディングインスペクタ）
・Hello, worldからグルーコードを取り除く
・Personクラスを作って文字数バインディング
・敬称と表示名を作る
・履歴テーブルビュー（NSArrayControllerでやる？ DataSourceパターンにする？）

Windows Formsアプリの移行事例
■動作デモ（Monoで動かすのとネイティブで動かすのと）、GitHubへのポインタ
・mono gochiusearch.exeでも動くけどいろいろおかしい
・ネイティブ版ならドラッグ&ドロップもできるし、フォントも綺麗だし、TouchBarも出せる！
■フレームワークと参照解決、NuGetあたりの注意とnetstandard20あたりの動向
・フレームワーク三種
・ストアへ提出するにはどれでもいいが、XamMac20かnet45にはしたかった[10]
・net45にしたところでSystem.Drawingは含まれていないので、XamMac20しかなかった
・netstandard20でSystem.Drawingが入ってくるのでまた戦略は変わるかもしれない
■とった戦略
・共通層とプラットフォーム層に分離、実装すべきロジックを特定する
・UIはすべてXcodeで作り直す
・TouchBar対応
■サンドボックス化で気をつけること
・ユーザーが指定したファイルか、コンテナディレクトリの中か、バンドル内のファイルしか読み取れない
・コンテナディレクトリはデバッグ実行時とリリース実行時で異なるので注意

10. ここでのnet45やnetstandard20といったものはTarget framework monikerといい、アセンブリが動作対象とするフレームワークの種別を示す。https://docs.microsoft.com/en-us/nuget/schema/target-frameworks

・SecurityExceptionが送出されるわけではないので注意

■AppStore審査のポイント

・ユーザーガイドライン[11]

・Xamarin.Mac製だからといって別段通常の方法と異なるわけではない

・Xamarin製を理由に却下されることはない、Macアプリケーションとしての体裁をきちんと整えること

→指摘されたのは×ボタンで閉じたときの対応、メニューバーの内容、TouchBarのインタラクション

### まとめ

・Xamarin.Mac は Xamarin の開発スタイルに慣れていればすぐに使えるMacアプリ開発環境

・デスクトップ.NET向けであってもほとんどのライブラリが使い回せる

・ストアに提出するにせよ、インハウスにせよMacアプリらしさを追求することを怠らない

当然ながら、ここで挙げたすべての内容が話せるとは考えていません。自分の中の「しゃべりたいこと」「強調したいこと」を再確認する作業です。

### スライド

発表の流れをつかんだら、MacアプリのKeynoteを使って投影するスライドを作成していきます。イベントの前日までスライドテンプレートが配布されなかったため、適当に主張の少ないテンプレートで作成を行いました。作成した資料はSpeaker Deckにアップロードしてあるので参照ください。

Say hello to Cocoa development with Xamarin.Mac
https://speakerdeck.com/ailen0ada/say-hello-to-cocoa-development-with-xamarin-dot-mac

一般的なスライド作成のルールに沿っているだけですが、気をつけたポイントを次に挙げます。

### 自己紹介スライド

自己紹介スライド好きな人、多いですよね。入れてもよかったかなと思いましたが、イベントのWebサイトに十分すぎるほど紹介されていたので削りました。

### 図表を引用したら出典を示す

自分で作った図表なら不要ですが、引用した場合はソースを示しておくとSpeaker Deck経由などで後から資料を見た人がさらに情報をたどることができて親切ですし、なによりもマナー

11. おそらくAppleが提供するHuman Interface Guidelineのこと。https://developer.apple.com/macos/human-interface-guidelines

です。

### Agendaは単なる目次ではなく、セッションのゴールを示す

発表の流れをただ示すのではなく、発表の各ポイントでどのような知見を得てほしいのかアピールします。

### 行頭番号付きリストと箇条書きを使い分ける

順に行う工程を示すために行頭番号付きのリストを使い、その他の場合は箇条書きを使います。

### 後日資料を読むときのことを考える

セッション動画を見てくれる人ばかりではないので、資料だけでもおおよそ雰囲気と、さらに知見を深めるための手がかりとなるような情報を残すよう意識します。

### 発表者ノートとデモンストレーション

たいてい発表中に頭が真っ白になる、気分が高揚する、おなかが痛くなるなどの理由により、しゃべりたかった内容はすっ飛んでしまうものです。まして普段しゃべらない英語です。そこで、必ずしゃべっておきたい部分は、頭が真っ白になっても読めば何とかなるように書いておくことにしました。KeynoteではiPadと連携しておくことで、Mac側で発表者モードを使わなくてもiPad側でノートを閲覧することができます。

デモンストレーション内容もMacのNotesアプリを使って、

1．そのステップの日本語のサマリー
2．そのステップでしゃべっておきたいことの英文

の組み合わせでデモンストレーションごとにまとめました。こうしておけばiPadでもiPhoneでも読むことができます。Notesアプリに取ってあった原稿を本稿の付録として収録しておきました。

発表者ノート、デモンストレーション共通で英文について気をつけたのは次の点です。

- 公式に使われている単語や言い回しをできるだけ援用する
  特に技術的トピックでは、MicrosoftやAppleの公式サイトでもそのトピックに関する記述を見つけることができます。可能な限りその言い回し、文章構成を援用することでその文章に目を通した人を間接的に増やし、文章に根拠と自信を持たせます。
- なるべく平易な英文になるようにする
  めったに使わないイディオムを使ったりしても、当日の緊張した状態では正しく発声できないことを危惧していました。単語や英文法のレベルを普段自分が慣れ親しんでいるレベルに揃えておくことで、いざというときに言い換えが効くように余裕を持たせます。

## 4.5 イベント

前日までに出そろったセッションリストとゲストから察するに、あまり開発者向けではなさそう、コンサルティング会社の人とか多いみたい、という下馬評だったので気負わずに「【海外発表した】という目標を達成しよう」という気持ちで臨みました。Global Xamarin Summitと銘打つわりに最終的にはXamarinとそんなに関係ないセッションがちらほらあり、聴いておきたいセッションが当初想定していたより少なくなってしまっていました。

2017/09/21

0時20分に羽田空港国際ターミナルを離れた全日空843便は、予定より19分早い現地時間6時11分にシンガポール・チャンギ国際空港に到着しました。時差はJST-1です。

入国審査前のTravelexでSingtelの旅行者向けhi! SIMを購入。SGD15でLTE対応4GB（キャンペーン中は100GB）、音声通話500分、FacebookとLINEは通信量消費なし、5日間利用できます。滞在中に何度か電話番号を聞かれることがあった[12]ので助かりました。

入国審査を終え、荷物を受け取ってUberでホテルへ移動。ホテルはマイクロソフトのあるストリートに面しているSofitel SO Singapore[13]に3泊予約しました。アーリーチェックインをお願いしていましたが、あまりにもアーリーすぎて部屋が用意できておらず、仕方がないので荷物を預けてセントーサ島の水族館を見物しに行き、昼食を取って戻ってきました。2時間ほど仮眠を取ってシャワーを浴び、夕食をとりに@atsushieno[14]とベイサイドへ。客引きのおばさんの熱意に負けてシーフードのお店でサテやら蒸した魚を食べ、マーライオンを見物してこの日は終了。

2017/09/22

近くのスターバックスでカフェインを補給し、9時前にMicrosoft Singapore（の入っているビル）へ。外に待機列があったので並んだものの、「スピーカー？おまえは普通にビルのセキュリティに行け」と言われ、ビル内のレセプションでパスポートを見せて電話番号を告げビジターカードをもらう。

イベントは全般に時間にルーズな感じで、適当に30分以上遅れてキーノート開始。CapptainやHockeyApp、そしてXamarinを食べて大きくなってきたMicrosoftの歴史に触れつつ、VisualStudio MobileCenterのデモと機能紹介が中心のキーノート。@atsushienoのセッション[15]とランチをはさんでSkiaSharpのセッション。Xamarin.Forms+SkiaSharpを題材に、インストールから基本的な図形描画、さらにアニメーション――SkiaSharpの関心領域ではないのでStopwatchを使った温もりのあるアニメーションでした――までをデモする興味深いセッショ

12. 具体的にはホテルのチェックインやMicrosoft Singaporeでの受け付け、水族館チケットの受け取りで聞かれましたが、持っていないとどうなるのでしょう……。

13.http://www.sofitel.com/gb/hotel-8655-so-sofitel-singapore/index.shtml

14. この文章を本にしてくれた方。

15.https://speakerdeck.com/atsushieno/java-binding-tips-and-tricks-2017

ンでした。

これ以降は聴きたいセッションもなかったので（Securing Webとかなぜここで？という内容……）、マリーナ・ベイ・サンズの近くまでいってみよう！ということで移動し、Art Science MuseumでFUTURE WORLD[16]、HUMAN+[17]というふたつの展示を見物することに。

そのあとはショッピングモール内のボートに乗ってみたり屋上に出てみたりぶらぶら過ごして、Attendee Partyへ。住宅街のミュージックバー的な場所で、2階にXamariners社の小さなオフィスが入居していました。90分の間に2杯ほどビールをいただいて、食事が出てこなかったので撤退して近くのレストランで夕食を取りました。

2017/09/23

この日のキーノートはVisualStudio for Macでできること大全といった感じで、XamarinからAzure Functionsまで、一時間でざらっとVisualStudioのいまをおさらいできる素晴らしいセッションでした。セッションを聴くよりも自分のセッションに集中したかったので、ランチを外で取りつつ作業、戻ってきて@chomado[18]のセッションをちらっと覗いてから原稿の読み直しをして過ごしました。

16時から一時間が私のセッションの時間でしたが、前のセッションが20分以上延び延びになっており、15時半から16時まではティータイムだったため、10分ほど聴衆の集まりを待つことにしました。部屋が半分ちょっと埋まったので、なるようになれとセッションを開始しました。その後の記憶はほとんどないですが、どうやらうまくやっていたようです。

持って行ったHDMIアダプタが純正品でなかったので会場で出力できず、結局@chomadoに借りる……といったちょっとしたトラブルはありましたが、放送事故レベルでしゃべれなくなるようなことはなく、デモも予定していた内容はすべて行うことができたので、まあまあ成功だったかなと思っています。セッションの映像はChannel 9[19]で公開される予定、と主催者からアナウンスされていましたが本稿執筆時点では進展がないようです。

自分のセッションが終わった後の放心タイムを乗り越えて、ホテルに荷物を置きに戻り、夕食を取ってUberでナイトサファリへ移動しました。23時過ぎまでナイトサファリではしゃいでこの日はおしまい。

2017/09/24

帰国日はシンガポール動物園でオランウータンと朝食を取ったり、ショーを見たり、エサをやったり、ひたすら写真を撮ったりしていました。22時15分発の全日空844便で帰国しました。

16. チームラボの「アート」と「未来の遊園地」をテーマとした常設展示。http://exhibition.team-lab.net/singapore/

17. 人体改造や遺伝子操作における「越えてはいけない」倫理上の一線は？という問いをはじめ、ヒューマニティに対する認識をテーマとした企画展示。http://jp.marinabaysands.com/museum/human-plus.html

18. Twitter @chomado, Microsoft 社員で Visual Studio Mobile Center の紹介セッションを行った。

19. Microsoft 開発環境に関連した映像コンテンツが蓄積、公開されているサイト。https://channel9.msdn.com

## 4.6 まとめと所感

壇上であがっている、まして普段使わない英語をしゃべっている自分を信頼するのは危険です。日本語セッションでの「まあなんとかなるだろう」というラインよりも丁寧に準備を行い、英語セッションの「きっとなんとかなる」ラインを見つけることができたと思っています。場数を重ねればきっとこのラインも日本語のそれに一致してくるでしょう。

今回は、イベントの様子はともかく海外で発表した、という実績を積むことができました。英語で話したり読んだりすることが苦手なのは大した問題ではありません。舞台が決まってしまえばやるしかなくなります。ぜひ日本語以外の言語でイベントに参加、また発表にチャレンジしてみてください。

## 4.7 Appendix

付録として、準備したデモンストレーション原稿の全文を掲載します。紙面に掲載する上で体裁を整えた以外は原文ママです。現地でだいたい見なくてもしゃべれるように、繰り返し唱えて魔力を高めました。

A. The First Mac App

VisualStudioに切り替える。

> Let’ s get started! Gonna switch to VisualStudio.

New ProjectからCocoa Appを選択。

> Creating NewProject with Cocoa App template.

適当に名前を付ける。

> Name the app and organization identifier properly.

そのままソリューションを作る。

> Then, leave unchanged and create solution at this time.

Xcodeを使ってコントロールを配置していく。MacではVSのデザイナは提供されていない。

> Project has created. Second step is placing controls using Xcode because of storyboard designer in VisualStudio is not available for Xamarin.Mac.

Main.storyboardをダブルクリックしてXcodeを開く。

> Double click the Main.storyboard to open Xcode with stub project.

もしドキュメントウィンドウが立ち上がっていたら、Xcodeのメインウィンドウ側で開き直す。

> When storyboard file opens up in document window, close it and reopen storyboard in MainWindow to using AssistantEditor later.

ウィンドウのタイトルを変更し、AutoSaveNameを適当に付ける。ウィンドウの状態がここで指定した名前をキーに保存されるようになる。わかりやすいところではウィンドウの位置。

> Select Window to specify a window title and an auto save name.NSWindow can preserves its frame by AutoSaveName as key in the user defaults, so that it appears in the same location the next time application starts.

NSTextFieldを配置する。

> Find TextField in object library and drag to scene, then add some layout constraints.

NSButtonを配置する。

> Just like it, find Button in object library and place it. Add some layout constraints, set title and setting key equivalent. When hit return key in this window, this button will raise an event same as click action.

アシスタントエディタを開いてそれぞれの参照をViewControllerに作る。

> So far so good, then open AssistantEditor to create an outlet and an action.

アクションはメッセージ送信を行う。送信されたメッセージはここではViewControllerが受け取る。

> An action is message sender. Message sent by action will be received by ViewController in this context. Insert and action named "ShowGreeting" for now. When this button manipulates, a message named "ShowGreeting" will send to ViewController. The ".m" extension comes from "messages" for your information.

アウトレットはコードからUI部品への参照。コードからコントロールへメッセージを送信するときに使う。

> An outlet is a property that references object, typically user interface controls. To access controls from code behind in objective-c world, sending message via outlet connection. Now switch to header file and create an outlet of textfield named "NameField".

VisualStudioに戻る。

> Save a document and back to VisualStudio.

アラートメッセージを作って表示するコードを書く。先ほどのアクション・アウトレットは自動生成されたデザイナーファイルに書かれている。

> It' s time to writing C# code. Open ViewController.cs, then expand partial method. You can see outlets and actions in designer file automatically generated.

```
var msg = $"Hello, {this.NameField.StringValue} !";
var alert = new NSAlert
{
    MessageText = msg,
    InformativeText = "MonkeyFest 2017 demonstration",
    AlertStyle = NSAlertStyle.Informational
};
alert.RunSheetModal(this.View.Window);
```

実行して動作を確かめる。

> Let' s run and see its action.

×ボタンを押してもウィンドウが閉じるだけでアプリケーションは終了せず、Dockのアイコンをクリックしても再表示されない。

> At this time, you can' t terminate app by closing window, nor unable to show window again by clicking dock icon due to lack of some code.

×ボタンですぐアプリケーションを終了するために、AppDelegateでメソッドをオーバーライドする。

> Open AppDelegate and override the method "AppShould…" and make true as returning value.

これで最初のアプリができた。

> Our first mac app has been cooked! It was easier then you had expected, wasn' t it?

B. Cocoa Binding

デザイナコードからNameFieldの参照を削除

> Reference to textfield is no longer needed, so I' m going to remove property from designer generated code.

Nameプロパティを作ってバッキングフィールドを作り、[Outlet]属性でObjective-C公開名を付ける

> Back to ViewController.cs and create property named "Name". Make it property with backing field, then add Outlet attribute to export property references object derived from NSObject with its name to the Objective-C world for use with Cocoa binding.

setter内のコードをWill/DidChangeValueで囲む

> Make setter code surrounded by WillChangeValue and DidChangeValue method calling to notify changing value.

ShowGreeting内のメソッドからNameFieldの参照を削除

> Modify ShowGreeting method to using value of Name property.

Main.storyboardをXcodeで開く

> Open Main.storyboard again and re-open in main window if needed.

TextFieldを右クリックして接続を解除

> Right click the text field and disconnect referencing outlets.

バインディングインスペクタに切り替え、View Controller.Nameにバインド,ついでにNull Placeholderを設定

> Open binding inspector. This inspector is not showing when you editing iOS project, you know.Select ViewController as binding target, specify Name as key path, and set null placeholder anything you like.

デフォルトではフォーカスロスト時に値が更新されるので、チェックを入れる

> By default, value updates when this text field loose focus. To update value everytime value changed like settings PropertyChanged to UpdateSourceTrigger in WPF, enable this "continuous…" option.

保存して戻り、実行

> Save the document and get back to Visual Studio, then execute. You could see the message reflects property value without glue-code, you know.

単一プロパティにバインディングすることができた。もう少し詳細なデモとして、任意のオブジェクトをバインディングできるようにしていく。

> Text field in our app successfully bound to property references NSString object. I' m gonna show you more complex sample, bind to any object derived from NSObject.

Personクラスを考える。名前、名前の長さを持つ。後で使うので、敬称も付けよう。

> Define a class to represent a person to greet with properties for strings representing a name, length of name, and honorific.

CocoaバインディングでつかうにはNSObjectを継承しなければならない。そして、クラス名をObjective-Cに公開する。

> Make person class to derived from NSObject, and export to Objective-C world.

NameをViewControllerからコピーしてくる。NameLengthプロパティを更新する。

> Move definition of Name property from ViewController and make NameLength property to get-only, then notify its changing in setter method of Name property.

```
[Register(nameof(Person))]
public class Person : NSObject
{
    NSString name;

    [Outlet]
    public NSString Name
    {
        get => name;

        set
        {
            this.WillChangeValue(nameof(Name));
            this.WillChangeValue(nameof(NameLength));
            name = value;
            this.DidChangeValue(nameof(Name));
            this.DidChangeValue(nameof(NameLength));
        }
    }

    [Outlet]
    public NSNumber NameLength => NSNumber.FromNInt(name?.Length ??
0);
```

```
    public NSString Honolific { get; set; }
}
```

ViewControllerのNameをFriend（Person型）に置き換える。ShowGreetingメソッドを書き換える。

> Create property references Person type object in ViewController and modify ShowGreeting method to use it.

```
Person friend = new Person(); // view did load would be nice!

[Outlet]
public Person Friend
{
    get
    {
        return friend;
    }

    set
    {
        WillChangeValue(nameof(Friend));
        friend = value;
        DidChangeValue(nameof(Friend));
    }
}
```

Main.storyboardを開いて、バインド先を書き換える。文字数を表示するためにLabelを追加して、さらにNumberFormatterを追加してNSStringにキャストされるようにする。NameLengthにバインドする。

> Then open storyboard again and modify binding targets. Change target of textfield value to Friend.Name, then add label to display length of name.Drag label from object library and add some constraints, then bind to Friend.NameLength. NSLabel accepts only NSString value, so we need NameLength to be converted to NSString. Drag NSNumberFormatter from object library to label.

なにも入力されていないときにボタンが押せないようにする。NSNumberから暗黙的にキャストされるので、0文字以外の時有効になる。

> Talking about NSNumber type, make enabling and disabling button by length of name property. It' s easy, simply set button' s enabled binding connected to NameLength property. NSNumber type can automatically cast to boolean type, so no value converters needed in this binding.

実行して動作を確認する。

> Now, run app and check its functionality.

最後に敬称を選択できるようにする。まずは入力候補を作る。

> As a last sample of Cocoa binding, make honorific selectable from candidates. First, create candidates as an array of strings. — Japanese style honorifics, -san, -kun, -chan, -sama.

```
[Outlet]
public NSString[] Honorifics { get; } = new[] { (NSString)"san",
(NSString)"kun", (NSString)"chan", (NSString)"sama" };
```

friend フィールドの初期化で初期値を入れておく

> Set default value of honorific property in friend field.

```
(viewDidLoad)
Friend = new Person { Honorific = Honorifics[0] };
```

ShowGreetingメソッドを書き換える

> Modify ShowGreeting method to use honorific property.

```
var msg = $"Hello, {this.Friend.Name} -{this.Friend.Honorific} !";
```

Main.storyboardを開いてNSPopupButtonを配置、ContentValues, SelectedValueバインディングを設定

> Open storyboard… then place NSPopupButton. Setting Content Values binding to Honorifics array and Selected Value binding to Friend.Honorific property.

実行して動作を確認。Cocoaバインディングのまとめ。

> Now, run app and check its functionality.

C. TableViewDataSource

### Main.storyboardを開いてNSTableViewを追加する

> First, open the storyboard and place table view.Add some layout constraints.Then create outlet of NSTableView to ViewController.TableView has layered structure to support scrolling, NSScrollView, NSClipView, and NSTableView.What we need is NSTableView reference.

### カラムIdentifierを設定する

> DataSource provides data for each columns. Now adding two columns, and specify its identifier. For convenience, specify same as property name at this time.

### VisualStudioに戻って、List<Person> を作る

> Save and close Xcode. Then create a source list of histories.

### ViewController に INSTableViewDataSource, INSTableViewDelegate を継承させる

> You know, C# does not supporting protocol in Objective-C context.Protocol is like an interface but no need to implement all of methods defined.Methods defined in protocol means "can be respond to message with method signature as key", implemented method illustrates "could respond" and not implemented means "could not respond".Thanks to support feature in Visual Studio for Mac, we can use interface instead of protocol.First, add two interfaces, INSTableViewDataSource and INSTableViewDelegate definition to the ViewController.

### INSTableViewDataSourceで必要なGetRowCountを実装する。

> Now, Visual Studio could expand method signature of protocols conformed.What we need in TableViewDataSource protocol is GetRowCount method returns number of rows in data set.Type "override" and find GetRowCount method. Hit return, then Visual Studio automatically adds Export attribute to register this method to Objective-C world.Make this method to return items count of list created before.

### INSTableViewDelegate で必要なのはGetViewForItem。

> Next, populating view for item via GetViewForItem method in TableViewDelegate as requested.In the same way as before, override — getViewForItem — and expand it.Now make this method to returning view filled with text.Get item by row number.NSObject has ValueForKey method enables us to get value of property by name.In Xcode, I've specified property name as an identifier of column, so use identifier to get value for item.TableView has Make-

> View method. By default, it returns NSTableCellView, which has a text field and an image view.Now create a view using MakeView method and setting value to its text field, then return it.

```
var item = histories[(int)row];
var text = item.ValueForKey((NSString)tableColumn.Identifier) ??
NSString.Empty;

var view =
(NSTableCellView)tableView.MakeView(tableColumn.Identifier, this);
view.TextField.ObjectValue = text;
return view;
```

DataSourceをTableViewに接続する。

> Move to ViewDidLoad method, and connect DataSource to TableView.DataSource is View-Controller itself, so setting 'this' as DataSource and Delegate of TableView.What a strange code, you know?

```
HistoryTableView.DataSource = this;
HistoryTableView.Delegate = this;
```

ShowGreetingでリロードをかます

> Let's move to ShowGreeting method.When user manipulates this method, add an item to history.Then reload TableView to populate data added.

```
histories.Add(new Person { Name = friend.Name, Honorific =
friend.Honorific });
HistoryTableView.ReloadData();
```

実行して確認する

> Let's take a look! Input something fan and hit return, alert displays, and history has added as expected.

履歴から再度呼び出す

> Next, recall value from history.It' s quite simple and easy.Override "SelectionDidChange" and get item by its row number, the set the values.

```
var row = HistoryTableView.SelectedRow;
if (row< 0) return; // ignore when no row selected

var item = histories[(int)row];
friend.Name = item.Name;
friend.Honorific = item.Honorific;
```

Hooray!

# 第5章　世界を広げるMicrosoft　Cognitive Services

## 5.1　Microsoft Cognitive Servicesとは？

### どんなことをしてくれるサービスなの？

Microsoft Cognitive Servicesは多くのサービスの集合体です。どのサービスも、REST APIを叩くだけで利用することができます。

Microsoft Cognitive Servicesを知るためには、**Cognitive**という言葉についてまず理解する必要があります。辞書[1]で調べると次のような答えが返ってきます。

1．認識の 認識による

2．(感情的・意志的作用とは対照的に、知覚・記憶・判断・推理などの) 知的・精神的作用の

"Cognitive" とは、認識・推理など、人間の認知することを言います。

Microsoft Cognitive Servicesのウェブサイト[2]に提供されているサービスの一覧が表示されています。

おそらく一度見ただけではすべてを把握することはできないと思います。大まかに3種類の機能にまとめることができます。

・画像に対し検知や判定を行う機能

・Bingの検索エンジンを利用して検索する機能

・文章をAIが理解し、処理を行う機能

3つの機能に共通するのは、人間の認知機能に似ているものであるということです。もし、自分でこれらをすべて実装していてはとても大変です。しかし、Microsoft Cognitive Servicesを利用すれば簡単に実装することができます。

### Microsoft Cognitive Servicesはどこで使われているの？

Microsoft Cognitive Servicesを実際に利用されたケースとして、Microsoft AzureのMicrosoft Cognitive Servicesのトップページ[3]にいくつかの事例が載っています。

いくつかの例が掲載されていますが、その中からUberの例を紹介&翻訳してみましょう。

1.goo 辞書 英和和英より引用 https://dictionary.goo.ne.jp/ej/17183/meaning/m0u/

2.https://azure.microsoft.com/ja-jp/services/cognitive-services/

3.https://azure.microsoft.com/ja-jp/services/cognitive-services/

### UberにおけるMicrosoft Cognitive Servicesの利用用途

UberがサービスのなかでどのようにMicrosoft Cognitive Servicesを活用しているか、次のように書いてあります。

> Uber uses the Face API, part of Microsoft Cognitive Services, to help ensure the driver using the app matches the account on file
> Uber は Microsoft Cognitive Services の一つである Face API を アプリの利用者が登録されているドライバーと一致しているか確認するために利用しています。

### UberがMicrosoft Cognitive Servicesを選択した理由

また、UberがMicrosoft Cognitive ServicesのFace APIを選択した理由についても書かれています。

> Uber also likes the performance, accuracy, and scalability of the Face API, which can compare the photos and return a match within milliseconds, even from a photo that might not be of the highest quality.
> Uberは、Face APIのパフォーマンス・精度・スケーラビリティを高く評価しています。また、低品質な写真からもミリセカンド単位の時間で結果を返してくれます。

Face APIの特徴をうまく表現している文章だと思います。

Uberの事例紹介サイト[4]にアクセスすると詳しい情報を見ることができます。

### Microsoft Cognitive Servicesにはどのようなサービスがあるの？

Microsoft Cognitive Servicesにはいくつものサービスがあり、どれから手をつけたらいいかわからないかもしれません。そこで、いくつか著者の独断&偏見でオススメなサービスを示します。

### 人の顔に対してあれこれしたい！（Face API,Emotion API）

Microsoft Cognitive Servicesの中で“顔”に対してのサービスとして主に挙げられるのは、“Face API”と“Emotion API”です。これらのサービスを活用することで 人間の顔の識別、検出、感情（Emotion）を取得できます。

### 検索機能を使いたい！（bing Search API）

検索エンジンのBingを聞いたことがあるかもしれません。Microsoft Cognitive Servicesでは、Bingの検索エンジンを利用することができます。

Bing Search APIと一括りに書いていますが、検索対象によりいくつかの種類に分けられます。

#### ■Bing Search APIで検索する種類

4.https://customers.microsoft.com/en-us/story/uber

・Bing Image Search API[5]- 画像検索機能を利用できるAPIです。
・Bing News Search API[6]- ニュースを検索できるAPIです。
・Bing Video Search API[7]- 動画を検索できるAPIです。
・Bing Web Search API[8]- Webページの検索機能を利用できるAPIです。
※まだプレビュー中（2017/09/18現在）のAPI
・Bing Custom Search[9]
・Bing Entity Search API[10]

画像を分類したい！特定の物体が存在する画像か判定したい！（Custom Vision Service）
今、熱いサービスです！

## 5.2 Microsoft Cognitive Servicesの利用開始とサンプルコード

### Microsoft Cognitive Servicesを体験する2つの方法

Microsoft Cognitive Servicesは基本的には有料のサービスです。しかし、小規模で試すためには無料で使うことができます。具体的には、"Try Cognitive Services" or Microsoft Cognitive Servicesの無料枠の範囲内で利用する、などで試すことができます。

### Try Cognitive Services

Try Cognitive Services[11]とは、名前のとおり Microsoft Cognitive Services を体験するために API Key を発行できるウェブサイトです。

5.https://azure.microsoft.com/ja-jp/services/cognitive-services/bing-image-search-api/
6.https://azure.microsoft.com/ja-jp/services/cognitive-services/bing-news-search-api/
7.https://azure.microsoft.com/ja-jp/services/cognitive-services/bing-video-search-api/
8.https://azure.microsoft.com/ja-jp/services/cognitive-services/bing-web-search-api/
9.https://azure.microsoft.com/ja-jp/services/cognitive-services/bing-custom-search/
10.https://azure.microsoft.com/ja-jp/services/cognitive-services/bing-entity-search-api/
11.https://azure.microsoft.com/en-us/try/cognitive-services/

図5.1: Microsoft Cognitive Services を体験するサイト

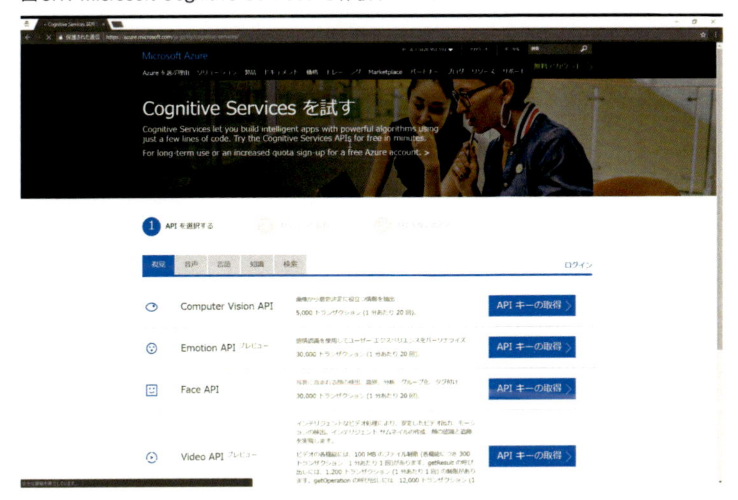


SNSアカウントなど（Microsoftアカウント、Facebookアカウント、LinkedInアカウント、Githubアカウント）でログインして利用します。

ログインすると各種APIを体験するためのページに遷移します。最初は一部のAPIしか表示されていませんが、**すべて表示**のリンクをクリックすると、すべてのAPIを表示させることができます。

図5.2: Microsoft Cognitive Services を体験するサイトに登録後

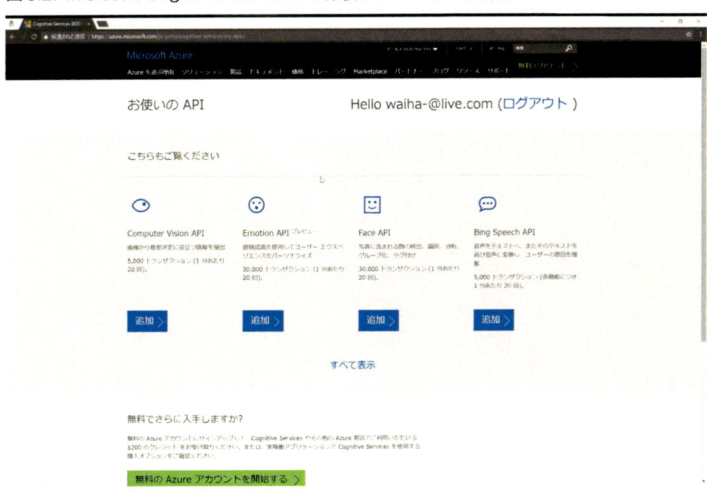


実際にMicrosoft Cognitive Servicesの体験を開始するためには、API/Service の下部に配置されている**追加**ボタンをクリックしてください。

今回は次のサンプルで**Emotion API**を利用するため、体験を開始していきます。

図5.3: Emotion APIの利用を開始している

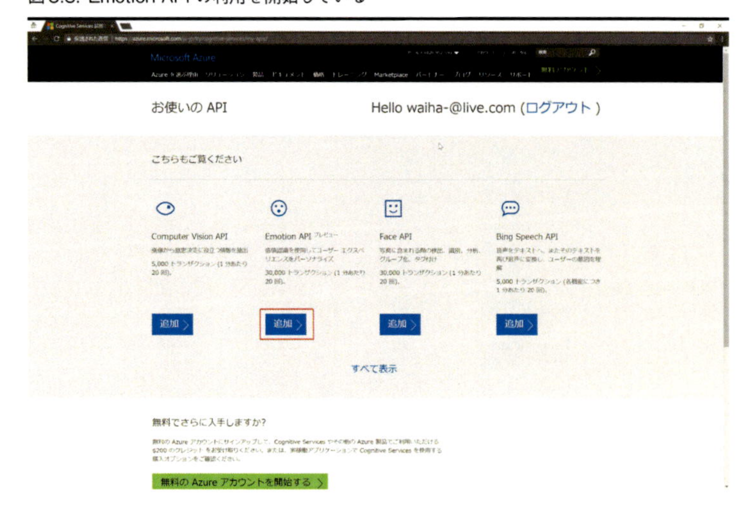


Emotion APIの体験を開始することができました。

ここには、体験期間があと30日である旨とAPIを利用するときに必要になるキーが表示されています。

図5.4: Emotion APIの体験期限は30日である

APIキーはどちらを使えばいいの？

試すだけならば、キー１だけを利用すれば大丈夫です。

APIキーが２つある理由は片方のAPIキーの再発行をした場合でもサービスを利用できるようにするためです。利用しているAPIキーが流出してしまった場合に、APIキーを再発行しなければいけません。そのような時は流出した方のAPIキーの再発行処理をします。しかし、再発行処理をしている間にサービスを止めることができない……そんな時はもう1つのAPIキーを利用し、Microsoft Cognitive Services を利用できない時間をできるだけ減らすようにします。

キー管理の感じをつかむために、Microsoft Cognitive Servicesについてではありませんが、良い記事があるため紹介します。

Azure Storage アカウント キーの漏洩対策
https://qiita.com/Aida1971/items/37051e63ba7702f28481

### 体験期限が切れてしまうと

体験をして、期限が来てしまうとその APIキーは使えなくなります。その場合は、Microsoft Azureの無料枠を利用しましょう。

図5.5: APIキーの期限が切れている

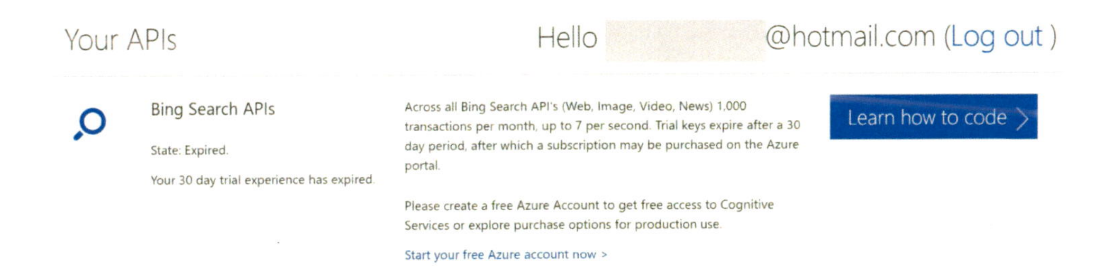


Microsoft Cognitive ServicesはMicrosoft Azureのサービスのうちのひとつです。そのため、Microsoft Azureの有効なアカウントからMicrosoft Cogntiive Servicesを利用できます。料金プランの中から無料枠付きのものを選択すること体験することができます。

## Microsoft Cognitive ServicesをXamarin.Formsと繋げる

Microsoft Cognitive Servicesについての説明をしてきましたが、ここからは実際にXamarin（.Forms）により作成されたアプリケーションから利用する方法について説明します。

二通りの方法でMicrosoft Cognitive ServicesをXamarin（.Forms）製アプリケーションから利用することができます。

### REST API

プラットフォームを問わずにMicrosoft Cognitive Servicesを利用するための方法としてREST APIを通して利用する方法が挙げられます。実際に利用するときは、こちらを通して利用することが多いかと思います。

### .Net SDK

Microsoft Cognitive ServicesのSDKがXamarin（正確には.NET Standardに対応したプラットフォーム）向けに提供されています。

このSDKを使うとC#から直接Microsoft Cognitive Servicesの機能を使うことができます。個人的にはSDKを利用してMicrosoft Cognitive Servicesを利用する方がIntelliSenseに助けてもらえたり、エラー処理について処理してくれるので好みです。

### コード例

このコードサンプルは、顔写真から表情を読み取り表示させるサンプルです。Microsoft Cognitive Servicesのサービスに含まれている**Emotion API**というものを利用しています。

### サンプル利用の流れ

次のような3段階の流れになっております。第一段階の機能の実装は、**Xamarin Plugin**を利用することにより実装コストを下げています。

1. 写真を撮る or ギャラリーからアプリ利用者に写真を選択させる
2. Emotion API に画像データを送信し、判定させる
3. 判定結果を Json で受け取りアプリに表示させる

完成品のソースコードは筆者のGitHub[12]に置いてあります。

重要な部分を抜き出して解説します。

### Emotion API 用 SDK のインストール

Emotion API を使うためのSDKをインストールします。

次に挙げる2つのライブラリを書いてある順番でインストールしてください。

※書いてある順番にインストールしないとうまくインストールできないケースがあるようです。

- Microsoft.Bcl.Build
- Microsoft.Project.Oxford.Emotion - Emotion API を叩くためのライブラリです。

### Emotion API の呼び出し

次のコードが呼び出しを行っている部分です。

Try Cognitive Services より取得した キーで置き換えると実行できます。

リスト5.1: AnalyzeAsync

```
public static async Task<EmotionScores> AnalyzeAsync (string PhotoURL)
{
        // ここに Emotion API のsubscribeキーを入力してください
        private static readonly string SubscribeKey =
"YOUR_Subscribe_KEY";

        var client = new EmotionServiceClient (SubscribeKey) ;
        var file = await FileSystem.Current.GetFileFromPathAsync
(PhotoURL) ;
        var ImageStream = await file.OpenAsync (FileAccess.Read) ;
        var result = await client.RecognizeAsync (ImageStream) ;
```

12.https://github.com/fumiya-kume/Xamarin_Emotion_Sample

```
        return result[0].Scores;
}
```

## 5.3 終わりに

Microsoft Cognitive Services自体の説明が少し多くなってしまった気がしますが、雰囲気はつかめたのではないでしょうか？もし、皆さんの作るアプリ・サービスなどでMicrosoft Cognitive Servicesを利用すると楽になる部分を見つけましたら、ぜひ使ってみると面白く、楽になると思います。

# 第6章　IL2Cプロジェクト

## 6.1　IL2Cとは何か?

"IL2C"は、.NETのIL（Intermediate Language）を「C言語のソースコード」にトランスレートするツールを開発するプロジェクトで、現在進行系です。

トランスレートするツールとして知られている実装に、ゲーム開発プラットフォーム"Unity"の"IL2CPP"があります。本稿では、同じようなツールを開発すること（つまり、車輪の再発明）の目的・意図や、現在までの進捗をダイジェストとしてまとめます。

## 6.2　IL2CのProsとCons

IL2CはIL2CPPの焼き直しですが、ゴールとする目的は異なります。

Pros

1)IL2CはC言語のソースコードを出力します。

C99をターゲットとします。IL2CPPではC++を要求するため、IL2CPPと比べてより多くのプラットフォームで使用することができます。

2) IL2Cが出力するコードは、「極めて低フットプリント」であることを目標とします。

厳密に決めているわけではありませんが、8ビットマイコン（もちろんC言語処理系が存在することが前提です）での動作を検証します。もちろん、この規模で動くということは、x86・x64・ARMやその他のマイナーなプラットフォームでも、問題なく動くだろうという予見が得られます。

3) C言語との相互運用性に、特別な約束事をできるだけ持ち込みません。

C#で記述したコードをIL2Cで変換後、人間の手で記述されたCのコードとの結合の手間を、できるだけ簡便にします。たとえば、"P/Invoke"のような既存の（共通に認知された）手続きをできるだけ踏襲し、再利用を容易にします。

4) オープンソースです。

Apache v2を適用しています。勿論、出力したCソースコードに制限はありません。ソースコードは、GitHubのリポジトリ"kekyo/IL2C[1]"で公開しています。

---

1. https://github.com/kekyo/IL2C

本稿は、リポジトリのタグ"extensive-xamarin"を元に執筆しています。

5) 開発の記録を残しています。

ソースコードをGitHubで公開するのは勿論ですが、開発の過程をほぼすべてビデオ撮りしています。これらはシリーズとしてYouTube: Making archive IL2C series play list[2]に公開しています。そのため、コミットされているコードの設計に至った背景などが、完全に明らかになっています。IL2Cはメタプログラミングの集大成といえるコードですが、開発の過程をオープンにすることで、この方面に興味のある方への資料としての役割も担えるのではないかと思っています。

Cons

1) 未完成です。

現在実装されているコード変換のフィーチャーは、極めて限定的です。詳細は後述します。

2) 限定的なライブラリサポート

.NET Core（より正確には.NET Standard）プラットフォームが肥大化してしまった原因のひとつとして、標準とすべきライブラリの実装群が多すぎるということがあります。当然、これは利便性や移植性などとのトレードオフなので、Consと捉えるかProsと捉えるかは利用者に拠ります。

3) パフォーマンスは未知数です。

通常、低フットプリントの実装はパフォーマンスも良好といえますが、リソースが潤沢である前提にたてば、より効率の良い実装も選択できるかもしれません。しかし、現在の実装方針は、低フットプリントであることを優先しています。

## 6.3 IL2Cプロジェクトを始めた背景

既存のIL2CPP・monoのネイティブコード対応・.NET Coreのようなマルチプラットフォーム対応のCLR・.NET Micro FrameworkやTinyCLRが生み出されているのに、新たにIL2Cを作ろうとしていることには理由があります。

### IL2CPPのようなトランスレータ技術についての興味

IL2CPPはUnityでのみ使用できます。また、その詳細について調べようとしましたが、ウェブ上ではあまり情報が見つかりません。

IL2CPPのように「ILをC++にトランスレートする」というアイデアは、ILを嗜む界隈では一般的に語られるネタですが、なぜかあまり大きく取り上げられないトピックです。また、.NET

2.https://youtu.be/353Bl2gEOPo

のネイティブコード化は、ランタイムも含めて総じてフットプリントが大きくなります。

「まあ、そうだよね」と一言で片付けることもできますが、果たして本当にそうなのでしょうか?トランスレータが出力するコードを、ある程度意識して「予測可能な規模」に調節することは出来ないのでしょうか?

### マルチプラットフォーム移植性から感じること

.NET Micro Framework（NETMF）という名前を聞いたことがあるかもしれません。.NET Frameworkのサブセットを定義して、組み込み（いわゆるIoT）デバイスで.NET開発を可能にするフレームワーク「でした」が、プロジェクトは頓挫してしまいました。理由としては、（同時期のArduinoやRaspberry Piと比べると）NETMF対応のデバイスがやや高価であり、数が出回らなかったことや、限定的なCLR機能（たとえばジェネリックが使えない）やライブラリサポートなどが考えられます。

現在では、NETMFを改造した"TinyCLR"というプロジェクトが進行しています[3]。

また、IoT関係では、"LLILUM"プロジェクトも進行しています。これはILをLLVMに変換して、最終的にターゲットのネイティブバイナリを生成します[4]。

そして、"mono"と".NET Core"プロジェクトがあります。これらについては詳しく述べる必要も無いでしょう。

しかし、どのプロジェクトにも共通しているのが、やはり「フットプリントが大きい」、または「生成されるネイティブコードの予測が難しい」ということです。

### .NET Coreのマルチプラットフォーム展開

.NET Coreは2.0に至るまでにいくつかのプラットフォームに移植されていますが、大きく2つの軸が存在します。

ひとつはCPUアーキテクチャ対応で、現在はx86・x64・ARM（armhf）に移植されています。たとえば一口にARMと言っても、ARMv1〜v7のようなCPUファミリの分類や・armhf・armelなどのABI分類など多種に亘っていますが、armhfはRaspberry Pi2以上でのみ使用できます。

もうひとつはOSの対応で、Windows・Linux・FreeBSDなどです。Linuxはディストリビューションが多く、それぞれにパッケージシステムが異なるため、Linuxと言っても全てで動くわけではないところが難しい点です。

ここにトドメを刺したのが、Essential Xamarin（Yin）[5]の「Monoでモノのインターネットを目指す」という記事です。「これを真面目にネタにするのか!!」という衝撃と、「やはり現実は厳しい」という感想が入り混じり、そしてIL2Cをやってみるべきではないかと考えたのです。

---

3.http://www.tinyclr.com/

4.https://github.com/NETMF/llilum

5.https://atsushieno.github.io/xamaritans/tbf2.html この分野に興味があるなら、一読の価値があります。

## 6.4 IL2C設計上の留意点

IL2Cが、単なるトランスレータの焼き直しとならないようにするため、次のような点に注意を払っています。

予測可能なCのコードが出力されること

私達は普段、C#でコードを書くと思います。自分で書いたコードがC言語に変換されたとき、Cのコードが十分「予測可能」であることが重要だと考えています。この前提には「可読性」は含まれていません（可読性が良くなればベター）。たとえば、現在のバージョンでは、次のような変換が行われます。

リスト6.1: C#のコード

```
namespace IL2C
{
    public static class ConverterTest
    {
        public static int Int32MainBody()
        {
            var a = 1;
            var b = 2;
            var c = a + b;
            return c;
        }
    }
}
```

リスト6.2: C変換されたCのコード（TargetCode.h）

```
#include <stdbool.h>
#include <stdint.h>

int32_t IL2C_ConverterTest_Int32MainBody(void)
{
    int32_t local0;
    int32_t local1;
    int32_t local2;
    int32_t local3;

    int32_t __stack0_0;
    int32_t __stack1_0;

    __stack0_0 = 1;
```

```
    local0 = __stack0_0;
    __stack0_0 = 2;
    local1 = __stack0_0;
    __stack0_0 = local0;
    __stack1_0 = local1;
    __stack0_0 = __stack0_0 + __stack1_0;
    local2 = __stack0_0;
    __stack0_0 = local2;
    local3 = __stack0_0;
    goto L_0000;
L_0000:
    __stack0_0 = local3;
    return __stack0_0;
}
```

リスト6.3: 上記を呼び出すCのテストコード

```
#include <stdio.h>
#include <assert.h>
#include "TargetCode.h"

int main()
{
    int32_t result = IL2C_ConverterTest_Int32MainBody();
    printf("%d", result);
}
```

この変換結果はかなり冗長で読みにくい（＝可読性が悪い）のですが、少し眺めてみると、ほとんどの行がローカル変数に値を移し替えているだけであることがわかります。このようなコードは、VC++やgccなどの既存のCコンパイラで容易に最適化が行われ、生成されるネイティブコードが非常に小さくなるであろうことが想像できます。

実際、図6.1のように、たったの1命令に変換されます（VC++ 2017 x64 Release）：

図6.1: 最適化を有効にした場合のディスアセンブル結果

```
--- d:\project\il2c\il2c.clanguage.tests\main.c ------------------
#include <stdio.h>
#include <assert.h>
#include "TargetCode.h"

int main()
{
00007FF74DBD1070  sub          rsp,28h
    int32_t result = IL2C_ConverterTest_Int32MainBody();
    printf("%d", result);
00007FF74DBD1074  mov          edx,3
00007FF74DBD1079  lea          rcx,[string "%d" (07FF74DBD2210h)]
00007FF74DBD1080  call         printf (07FF74DBD1010h)
}
00007FF74DBD1085  xor          eax,eax
00007FF74DBD1087  add          rsp,28h
00007FF74DBD108B  ret
```

これは、リテラル値の計算がコンパイル時に成立するため、はじめから計算結果（1+2=3）が埋め込まれている例です。

**「このコードの例は極端だと思いますか？」**

ここで重要なことは、人間が変換されたCのソースコードを見て、容易に実効コード効率を推し量ることができる、ということです。現在の実装ではこのような冗長なコードを生成します（理由は後述）が、今後の改良で元のC#のようなコードに近づけることは可能だと考えています。

複雑な自動コードを生成するなら諦める

前述の予測可能なコードにも通じることですが、トランスレータが人力を介さず自動出力できるからと言って、極端に複雑なコードを生成することを前提としないようにします。

たとえば、今後の作業で影響がありそうなトピックに、「ガベージコレクタ」や「スレッド」のサポートが挙げられます。これらを機能させるには、ランタイムライブラリと連携した変換出力を要求されます。

ガベージコレクションを実現するには、すべてのマネージオブジェクトを探索可能でなければなりません。GCを実現する手法はさまざまですが、このサポートのために、クラスに余分な情報を大量に付加することは、できるだけ避けたいところです。

### 相互運用性を重視する

さらに、変換結果のCコードと、初めから普通に設計されたCコードやライブラリとを、容易に結合できることも重要です。

私見ですが、NETMF失敗の理由のひとつに、デバイス固有のI/Oライブラリを整備できなかったこと（結果として移植が進まない）があると感じています。NETMFのような規模の大きなランタイムを移植する上で、超えなければならないハードルとして:

1. ターゲットのCPUアーキテクチャへの移植
2. 周辺デバイスをサポートするライブラリの移植や新規実装

があり、両方共に敷居が高いのです。

特にCPUアーキテクチャについてはある程度の使い回しが可能になりますが、周辺デバイスについてはデバイス毎に固有であることが多く、一から移植コードを書く必要があります。あるデバイスに移植する場合に、せっかくイーサネットインターフェイスが搭載されていても、デバイスドライバの実装が追いつかず、まったく使えないという事態となります。

たとえば、Arduinoの「イーサネットシールド」は、Cコード向けにネイティブライブラリが用意されています。ということは、これをP/Invokeやそれに類する相互運用技術で「のり付け」できれば、比較的容易に対応デバイスを使用することができるようになります。

### 全部をやらない

これは、NETMFでは中途半端に終わり、.NET Coreは大き過ぎたということから考える着地点です。

惜しくも、この「全部をやらない」という考えに基づいて設計されたのが、.NET Core 1.0でした。.NET Coreは.NET Frameworkから厳選した（?）APIセットだけをサポートしました。しかし、それでも規模は大きく、しかも「あれも足りない」「これも足りない」といわれ、結果的に.NET StandardでAPIセットを見直さざるを得なくなりました。

NETMFの頃と異なり、現在はNuGetがあるので、細分化されたパッケージを使って不足する機能を後から容易に拡張することができます。したがって、最小のAPIセットが.NET Standardを満たさないとしても、現実的な開発で問題になることは少ないと思われます。

もし、APIセットが圧倒的に足りない、というのであれば、それはそもそもmonoや.NET Coreのようなランタイムを「普通」の環境で「普通」に使えばよいのです。当然動作環境もある程度以上の規模が必要となりますが、「実現したいこと」は、そういう規模のハードウェアやリソースが必要にならざるを得ないのでは無いでしょうか？

### 少なくとも計算だけで成り立つILは変換可能にする

これは極めて物理的な目標です。たとえばXMLやJSONを操作するライブラリの場合、純粋に計算だけで実現されます。そのようなライブラリは、ILが忠実にネイティブコードに変換できれば問題なく変換できるはずです。

### 高い移植性

ここまで述べた目標を維持するために、たとえばAVRのような8ビットマイコンでも動くコードが生成できることを目標にします。

たとえば、ガベージコレクションをサポートするランタイムのサイズがどうしても大きくなるとします。仮に、マネージ参照を一切操作しないコードを書いた場合に、ガベージコレクションに関するコードが一切含まれなくなる、というようなコード生成ができたとすれば、極小のプラットフォームでも問題なく動作するはずです。

この前提が成り立つとすれば、C#でコードを書く側で工夫すれば、動く規模のコードが出力できることになります。.NET Core・mono・NETMFなどのランタイムが、問答無用でランタイムのフットプリントを要求することと比べると、(使用者にとって) かなりコントローラブルであるといえます。

また、できるだけ標準のCライブラリ関数を使うことも、予測可能性を広げる点で重要だと考えています。(現時点では未検討ですが) たとえばSystem.String.Lengthプロパティの参照が、strlen関数に変換出来たとすれば、移植性やコストについて容易に予測できるでしょう。

### ALMを考える

ALM (アプリケーションライフサイクル) とは、端的にはビルドシステムとその周辺の技術のことです。IL2Cの使用方法は十分シンプルにしたいと考えていますが、主に2方面からのアプローチが必要だと感じています:

1) 独自のビルド手順を排除し、MSBuildなどの既存のビルドインフラを使用できること。

これが出来れば学習コストが削減できる上に、他のプロジェクトとの連携も容易となり、継続インテグレーションの対象とできます。課題があるとすれば、ターゲットとなるネイティブコンパイラをどうやって連携させるかという点でしょう。

2) 既存のIDE (Visual Studioなど) でシームレスに使用可能であること。

新しいことを覚える必要が減れば、結果的に新しいユーザーを引き寄せやすくなります。

## 6.5 IL2Cの実装

現在、次の作業を実施済みです:

1. int, long, byte, sbyte, short, ushort型のサポートと加算 (add命令) 処理
2. bool型の対応
3. 基本的なフロー解析 (前節で紹介した手法の8割程度)
4. ブランチ命令の対応 (一部)

5. ValueTypeのメンバ（フィールド・メソッド）の対応（一部）
6. Classのメンバ（フィールド・メソッド）の対応（一部）
7. ガベージコレクタ
8. P/Invoke（一部）

では、これまでに辿ったハイライトを（一部ですが）紹介します。

### ILのパース

ILはバイトコードの羅列で表現されています。次のように、リフレクションを使えば容易に取り出すことができます:

```
Type type = typeof(TargetClass);
MethodInfo method = type.GetMethod("TargetMethod");
MethodBody body = method.GetMethodBody();
byte[] ilBytes = body.GetILAsByteArray();
```

その後、ilBytesを解析するのですが、ILはほとんどが1バイトOpCodeですが、少数の2バイトコードも含まれます。これらは次のようなコードでOpCodeを特定できます:

```
using System.Reflection.Emit;

Dictionary<short, OpCode> opCodeDict = typeof(OpCodes)
    .GetFields()
    .Where(fi => fi.IsStatic &&
typeof(OpCode).IsAssignableFrom(fi.FieldType))
    .Select(fi => (OpCode)fi.GetValue(null))
    .Where(op => op.OpcodeType != OpCodeType.Nternal)
    .ToDictionary(op => op.Value, op => op);

public static IEnumerable<KeyValuePair<OpCode, object>>
    EnumerateILBytes(byte[] ilBytes)
{
    int index = 0;
    while (index < ilBytes.Length)
    {
        byte byte0 = ilBytes[index++];
        if (opCodeDict.TryGetValue(byte0, out var opCode) == false)
        {
            byte byte1 = ilBytes[index++];
            short word = (short)(((short)byte0) << 8) | byte1);
            opCode = opCodeDict[word];
        }
```

```
        object operand = null;
        switch (opCode.OperandType)
        {
            case OperandType.InlineI:
                operand = BitConverter.ToInt32(ilBytes, index);
                index += sizeof(int);
                break;
            case OperandType.InlineI8:
                operand = BitConverter.ToInt64(ilBytes, index);
                index += sizeof(long);
                break;
                // ...
        }

        yield return new KeyValuePair<OpCode, object>(opCode,
operand);
    }
}
```

System.Reflection.Emit.OpCodesには、すべてのIL OpCodeの定義が含まれています。これを使えば、ハードコーディングで分岐することなく、機械的にOpCodeをデコードすることができます。残念ながら、OperandはOperandTypeから機械的にサイズを識別することが出来ないため、この部分だけswitch-caseでそれぞれのサイズに合わせてデコードする必要があります。また、BitConverterを使用している箇所は、実際には手動でリトルエンディアンとして抽出する必要があります。

デコード後、いくつかのOpCodeはOperandに渡される「メタデータトークン値」を取り扱う必要があります。メタデータトークンは、次のようにそのILが格納されているモジュールから、それぞれのMemberInfoの実体を取得します。

```
// Field metadata token:
// case OperandType.InlineField:
//   fieldToken = BitConverter.ToInt32(ilBytes, index);

// Method metadata token:
// case OperandType.InlineMethod:
//   methodToken = BitConverter.ToInt32(ilBytes, index);

var module = type.Module;
var referencedField = module.ResolveField(fieldToken);
```

```
var referencedMethod = module.ResolveMethod(methodToken);
```

通常、パース処理（デコード処理）は複雑になりがちですが、.NETの場合はリフレクションAPIがリッチなので簡単にデコードできます。

現在の実装では、上記のパース処理の代わりに、"Cecil[6]"を使用しています。このライブラリも、我ら「Mono」の成果です :)

Cecilを使うように変更するため、かなり広範囲にコードを修正しました。そこまでして導入した理由として、以下のような特徴があります。

通常、リフレクションを使用してアセンブリを探索すると、アセンブリはメモリ上に実行可能な状態でロードされます（実行不可にする方法もあるにはあります）。例えば、以下のようなコード:

```
public static class Foo
{
    public static readonly int StaticValue = 123;
}

// Fetch static value from Foo
Type type = typeof(Foo);
FieldInfo field = type.GetField("StaticValue");
int value = field.GetValue(null);

Debug.Assert(value == 123);
```

このコードは、クラスFooのStaticValueフィールドから、リフレクションを使用して値123を取り出します。動作自体に問題はありません。スタティックなフィールドなので、GetValue()の引数にはnullを指定しています。このコードにどんな問題が潜んでいると思いますか？

C#のコードを見ると、フィールドの初期化値として123というリテラル整数を指定しているため、GetValue()はこの値を取得できると想像出来ますが、実際はそうではありません。GetField()を呼び出すと、クラスFooのタイプイニシャライザが暗黙に実行されてしまいます[7]。

つまり、実際には:

```
public static class Foo
{
    public static readonly int StaticValue;
```

6.https://github.com/jbevain/cecil

7.厳密には GetField() を呼び出したタイミングとは限りません。

```
    // Type initializer
    static Foo()
    {
        StaticValue = 123;
    }
}
```

であるため、タイプイニシャライザが実行されて、初めてStaticValueに初期値が格納され、その後でフィールドの値が読み取られているのです。仮に、タイプイニシャライザにもっと複雑なコードが記述されていた場合、IL2Cの変換処理中にそのようなコードが実行されてしまいます。

IL2Cは変換処理のためだけにアセンブリを探索しているので、タイプイニシャライザのコードは正常に実行できない可能性があります。つまり、変換処理中に意図しない例外がスローされて中断してしまう危険があります。

あるいは、もっとおぞましい結果として、タイプイニシャライザに含まれた脆弱性のあるコードを実行してしまうかもしれません。IL2Cの変換結果に脆弱性が含まれる可能性があるのは仕方がないとしても、IL2Cの実行中にこのようなコードが実行されて欲しくはありません。

従って、アセンブリの探索中に、暗黙にコードが実行されないように注意する必要があります。System.Reflectionは、探索のためだけにアセンブリをロードするオプションを持っていますが、Cecilを使うとこれを簡単に実現できます。

Cecilでは、IAssemblyResolverインターフェイスを実装したクラスを用意し、その中でアセンブリファイルの探索を行うコードを記述するだけです。しかもこれを簡単に実装するための、DefaultAssemblyResolverクラスも用意されています。このクラスを使えば、追加の検索ディレクトリを指定するだけで、あとは自動的にやってくれます。

なお、上記の初期値の問題は、タイプイニシャライザの実装を正しく変換する事が出来れば、意図通りに動作するようになるはずです（現在は部分的に実装しています)。

### IL → Cへの変換プロセス

Cのコードを生成した後は、ソースファイルに出力する必要があります。しかし、ソースファイルをどのように分割するかが課題となります。

C言語では、ソースファイルを"*.c"に、ヘッダファイルを"*.h"に記述します。ヘッダファイルは、関数定義や変数定義などを「(広義の) インターフェイス」として、別のコンパイル単位で認知させるために分離します。ソースファイルには、実装の本体を記述します。

.NET（C#）と異なり、C言語には名前空間やクラスと言った、型定義にスコープを導入するための仕掛けがありません。IL2Cは、.NETのメタデータとILを参照して変換します。その単位は（恐らく）アセンブリ単位となるはずです。

この相違を吸収するため、次の手段を検討することができます:

1) 全て単一のソースファイルに格納する

この方法は最も単純です。但し、C言語のシンボル参照は、ソースファイル内でも前方参照のみ許されるため、いわゆる「プロトタイプ宣言」や構造体の宣言などはソースコードの先頭に出力する必要があります。また、異なるビルドでライブラリ的に使用する場合、使用者はいちいちシンボルを再定義する必要があるため、実用を考えると現実的ではありません。

2) ソースファイルとヘッダファイルを分離する

シンボル（構造体や関数のプロトタイプ宣言などの定義だけ）を含むヘッダファイルと、実装を示すソースファイルに分離します。

.NETにおいては、public, internal, protected, privateなどのスコープ宣言が存在しますが、たとえばinternal宣言されているスタティックフィールドは、グローバル変数をソースファイルにのみ出力することで、外部からの流用をしにくくすることができます。private宣言であれば、グローバルスタティック変数としてソースファイルに出力することで、（物理的なバイナリレイアウトがわからない限り）参照不可能にできます。

```
// C# Value type declaration
public struct Hoge
{
    public static int Value1;
    internal static int Value2;
    private static int Value3;

    public static int Calc1(int a, int b) { ... }
    internal static int Calc2(int a, int b) { ... }
    private static int Calc3(int a, int b) { ... }
}
// C header file definitions
extern int Hoge_Value1;    // Public approval symbol reference
extern int Hoge_Calc1(int a, int b);
// C source file definitions
#include "Hoge.h"

int Hoge_Value1;           // Public approval symbol reference
int Hoge_Value2;           // Public but not approval (Not defined in 
the header)
static int Hoge_Value3;    // Not public

int Hoge_Calc1(int a, int b) { ... }
int Hoge_Calc2(int a, int b) { ... }
static int Hoge_Calc3(int a, int b) { ... }
```

このように、直接.NETとC言語のスコープが対応付けられなかったとしても、代替えとなる手法を使ってスコープの意図を近づけることができます。

### マルチプラットフォームに対応するための留意点

IL2Cは、出力するCコードをマルチプラットフォームに対応させることを目標としています。その際、CPUアーキテクチャとCの型の整合性が問題となる場合があります。

Cの数値型は、伝統的にプラットフォームによって物理サイズが異なります。たとえば、かつてのMS-DOS Cコンパイラは、int型を16ビットとして扱っていました。また、一部の組み込み系Cコンパイラは、shortを8ビットとして扱います。現在の多くのCコンパイラは、int型を32ビットとして扱いますが、long型やポインタ型についてはサイズが異なる場合があります。32ビット環境や64ビット環境では、longとlong long型のサイズが異なることがあり、度々問題が発生します。

このような値型が占めるサイズのことを「ストレージサイズ」と呼びます。

.NETの世界ではByte,Int16,Int32,Int64のそれぞれで、ストレージサイズは完全に規定されています。したがって、Cコードに変換する場合は、数値型のストレージサイズが確実に意図どおりになるようにしなければなりません。

幸い、C99において規定された標準のヘッダファイル"stdint.h"に、この問題を吸収するシノニム（別名）の型が定められました。"int8_t"は8ビット、"int16_t"は16ビット、"int32_t"は32ビット、"int64_t"は64ビットと定められているため、intやlongではなくこれらの型を使用すれば、問題を回避できます。

### ストレージサイズに関する細かな相違の吸収

ポインタは32ビットと64ビットでサイズが異なりますが、同様に問題を回避できます。"intptr_t"型を使えばポインタのストレージサイズについても整合性を取ることができます。

このようなシノニムは、VC++が早期に"INT_PTR"のようなシノニムを定義して利用していたところを参考として、標準規格に取り込まれたように見えます。

なお、この問題はWikipedia「64ビットデータモデル」に詳しく記載されているので、参考にしてください。

逆に、C99未満のCコンパイラを使う場合は、このようなヘッダファイルが存在しないことが考えられますが、stdint.hを手動で定義するのは非常に簡単であるため、問題とはならないでしょう。

同様に、System.Bool型についても、C99に"_Bool"型やそのシノニムとして"bool"が導入されています。これらの定義は"stdbool.h"に定義されているので、stdint.hと共に使用します。

C99の_Bool型は、事実上整数値として扱われるという特別な側面があります。詳しい経緯はわかりませんが、論理演算結果が数値（0 or 1）として扱われてきたことに由来するようです。

ILにおいて、条件ブランチの基準も数値（厳密には32ビット整数）であるため、この点では同じですが、念のために変換が必要な場合は、数値との相互変換を行う式を挿入して、互換性を高めています。

結果的に冗長な式は、Cコンパイラによって削除されることを確認（VC++）しています。

### 名前空間名・型名・メンバ名

C言語には、名前空間やメンバと言った概念がありません（唯一、構造体内にフィールドメンバをもつことができます）。C#のコードを変換する場合は、シンボル名の衝突が発生しないように工夫する必要があります。

IL2Cでは、次のように階層構造のシンボルをアンダースコアで区切って出力します:

```
// C# symbols
namespace IL2C
{
    public static class ConverterTest
    {
        public static int Int32MainBody()
        {
            // ...
        }
    }
}
// C symbols
int32_t IL2C_ConverterTest_Int32MainBody(void)
{
    // ...
}
```

このようなシンボル名の一意化を「マングリング」と呼びます。（通常、マングリングには、リンカのシンボル名制限を回避する意図もありますが、詳細は省きます）

マングリングを行うと、相互運用性のデメリットが生じます。つまり、Cコード側から変換された関数を使いたい場合に、マングリングされた名前に気が付かない可能性があります。同様の問題はC++にもあります。C++からCの関数を呼び出す場合は、extern "C"で修飾する必要があります。

他の問題として、IDEやデバッガとのシームレスな連携を妨げる可能性があります。C#とCでまったく同一のシンボル名を使用していれば、デバッガにC#のソースコードを（正しい位置に）表示するだけで、まるでC#を直接デバッグしているかのように見せかけることができますが、シンボル名がマングリングされていると、ローカル変数ウォッチが機能しない（名前が一致しないので）などの弊害が発生するかもしれません。

この問題を解決する簡単な方法は、ベターCとしてC++を導入することです。C++としてコンパイルできれば、名前空間やメンバを普通に定義することができるため、上記の問題はほぼ解消できると思われます。

将来的に、オプションで切り替えることができるようにするのはアリと考えています。その場合、あくまでベターCとして取り扱うことを考え、C++のクラス型に高度に対応させるなどの方法は取らないようにします。

### 評価スタックとフロー解析

#### 私はIL2Cを実際に設計し始めるまでこう考えていました

(ゲームエンジンの) Unityには、"IL2CPP"というツールがあります。IL2CPPとは、.NETのIL(Intermediate Language)を、C++のコードに変換するツールです。ILとは、JavaのバイトコードやLLVM-IRに相当する、.NETの中間言語です。

"IL2CPP"と聞けば、ILのバイトコードを(多少面倒ではあるものの)パースし、一対一でC++のコードに変換していけば完成し、後は、ランタイムをどう実装するのかが大きなトピックだろうと想像できます。

プリミティブタイプは、C++の対応する型に置き換えればよいでしょう。.NET CLRが扱うクラスや構造体の型は、C++のクラスにマッピング出来そうな気がします。型全体について、System.Object(.NETにおける基底クラス)と同じような基底クラスを軸に、C++でも継承関係を構築すれば、例外クラスもほぼそのまま変換できるように思えます。しかも、C++にはtry-catchが存在するため、例外ハンドリングも楽に実装できるかもしれません。

そして、C++で記述できるコードは、多少冗長になったり面倒になったりしますが、C言語だけでも実装できることを知っています。むしろツール化によって自動生成するのであれば、C言語で出力することは大した問題ではありません。

大きな問題があるとすれば、ガベージコレクションとスレッド周りですが、これらは主にランタイムとの協調が主軸となります。

しかし、IL2Cの設計を進めていくうちに、型の扱いがそれほど簡単でもないことに気が付きました。

#### .NET CLRの評価スタック

.NETのランタイムのことを、「.NET CLR」と呼びます。CLRには仮想計算器が定義されています。この計算器(CPUと読み替えてよい)は、ILのバイトコードを逐次解釈しながら、OpCodeの定義に従った計算を実行します。CLRの仮想計算器は「スタックマシン」と呼ばれている種類のアーキテクチャです。

スタックマシンとは、仮想計算器が使用するスクラッチパッドに、文字通り「スタック」構造のバッファを使います。このスタックのことを「評価スタック」と呼んでいます。一例として、スタックマシンが加算演算をする処理を、「擬似的」にC#で書いてみます:

```
// Evaluation stack
private Stack<int> stack = new Stack<int>();

// Add method
public static int Add(int a, int b)
{
    // Examine expression:
```

```
    // return a + b;

    // Step1: Push requiring arguments for add operation
    stack.Push(a);
    stack.Push(b);

    // Step2: Execute add calculation (in CLR)
    stack.Push(stack.Pop() + stack.Pop());

    // Step3: Extract final result (ret OpCode)
    return stack.Pop();
}
```

このコードは、.NETのStackクラスを使って、評価スタックの動作を模倣しています。ILによる現実のコードは次のとおりです:

```
.method public hidebysig static
    int32 Add (int32 a, int32 b) cil managed
{
    // Step1: Push requiring arguments for add operation
    ldarg.0
    ldarg.1

    // Step2: Execute add calculation (in CLR)
    add

    // Step3: Extract final result (ret OpCode)
    ret
}
```

つまるところ、ILのOpCodeは、評価スタックに対して値を出し入れ（LIFO）しながら、決められた操作を行うものです。ポイントは、評価スタックが「スタック」ゆえに、必ずスタックに積まれた順序を守りながら操作するということです。

この点は、一般的な物理CPU、たとえばx86・x64・ARMなどのCPUと異なります。これらのCPUは「レジスタ」と呼ばれるスクラッチパッドを使い、評価スタックのようにLIFOであることを想定しません。

### 評価スタックの正体

さて、評価スタック自体はCLRの内部に存在するのであり、C#の擬似コードで示したようなStackクラスがどこかに定義されていたりする訳ではありません。ILのコード例を見ると、評価スタックの構造を指定する構文は、まったく存在しないことがわかります。

擬似コードではStackクラスを使ったため、次のようにあらかじめ宣言してあります:

```
// Evaluation stack
private Stack<int> stack = new Stack<int>();
```

これは、評価スタックが"int"（32ビット整数）を保持することを想定しています。ところが、ILによる操作は32ビット整数だけとは限りません。たとえば、次のようなC#のコードをコンパイルしたとします（これは擬似コードではありません）:

```
public static long Add(byte a, int b, long c)
{
    return a + b + c;
}
```

対応するILの例:

```
.method public hidebysig static
    int64 Add (uint8 a, int32 b, int64 c) cil managed
{
    ldarg.0      // uint8 a
    ldarg.1      // int32 b
    add
    conv.i8      // int32 --> int64
    ldarg.2      // int64 c
    add
    ret          // int64
}
```

このILは、最初に引数aとbをスタックにPushします。引数bはint32ですが、引数aはuint8なので1バイトです。仮に評価スタックの擬似コードで示すと:

```
Stack<int> stack = new Stack<int>();

stack.Push(a);    // Implicitly expansion: uint8 --> int32
stack.Push(b);    // Just equal type
```

となり、引数aは暗黙に型拡張されるため、問題なくPushできます。もちろんこのコードはC#による擬似コードなので、C#の型拡張法則に従ったまでですが、実際に評価スタックにPushする時にも同じ拡張が発生します。（この点、IL2Cの開発途中でハマった部分でもあります）

では、後半はどうでしょうか？ "conv.i8"というOpCodeによって、スタック内のint32値（a+bの結果）がint64に拡張されます。その後、引数cをスタックにPushしてから、addを実行します。ここでのaddは、最初の例と異なり、int64+int64の計算を実行して、結果をint64としてPushします。

これらを擬似コードで示すと:

```
Stack<int> stack = new Stack<int>();

// ...

stack.Push((long)stack.Pop());    // Explicitly conversion: int32 -->
int64
stack.Push(c);                    // int64 c
```

このコードを見て、おかしいと気が付きましたか？そうです、Stackはintとして宣言しているため、conv.i8による変換された値や、引数cのint64の値をそのまま格納することはできません。

64ビット値に限らず、あらゆる.NETの型（正確には値型と参照）は、評価スタックに出し入れされる可能性があります。ということは:

```
// Evaluation stack requires receiving all types
Stack<object> stack = new Stack<object>();
```

のように、どのような型の値でも出し入れ可能でなければなりません。

ところで、この擬似コードは、そのままC言語に書き下す元ネタとなります。つまり、ここで示した擬似コードをCのコードとして出力すれば、ILをCコードに変換したことになりますね！！

問題をわかりやすくするため、仮にC++ STLを使って、目標に近づいてみます:

```
// Evaluation stack simulated by C++ STL

// First problem: cannot declaration object type using C++
std::stack<object> stack();

stack.push_back(a);
stack.push_back(b);

// Second problem: cannot find operator +() overload
stack.push_back(stack.pop_back() + stack.pop_back());

stack.push_back(c);
```

```
// Third problem: cannot find operator +() overload
stack.push_back(stack.pop_back() + stack.pop_back());

return (int64_t)stack.pop_back();
```

変換処理自体は問題なさそうです。が、std::stackのテンプレート型引数"object"が解決できません。つまり、C++にはSystem.Objectに対応する基底クラスが存在しないため、このコードは成り立ちません。(関連して、operator +()が解決できないという問題も存在します)

仮に、C++でSystem.Objectのような基底クラスを導入すれば解決できそうな気もします(同程度の新たな問題も発生しますが、ここでは述べません)。しかし、私達の目標はC++ではなくCです。

C言語で上記のコードを模倣する場合、次の方法が考えられます:

1. std::stackと等価な、テンプレートクラスベースではないスタック操作関数を用意する

   この方法は、スタックポインタの操作(現在のスタック位置を把握する)を実装する必要があり、Cコンパイラが最適化によってこれらを不要と検出できるかどうかが鍵となります(実際のところ、スタックポインタの計算処理が含まれるため、難しいかもしれません)。

   しかし、結局、System.Object型をC言語でどのように扱うのかが解決されません。

2. スタックに値が2個しか出し入れされていない前提で、それぞれをローカル変数に置き換える

   「人間の目」で確認すれば、評価スタックのインデックス(スタックに積まれた位置)毎に、何型の値を格納しているのかがわかります。次のILの例では:

```
ldarg.0      // [0] int32
ldarg.1      // [1] int32    (A)
add          // [0] int32    (B)
conv.i8      // [0] int64    (C)
ldarg.2      // [1] int64    (D)
add          // [0] int64    (E)
```

   OpCode実行後のスタックの位置とその型が定められているため、この情報を使って、次のようなCコードに変換できます:

```
// Evaluation stack simulated by C
int32_t stack0_0;
int32_t stack1_0;
int64_t stack0_1;
int64_t stack1_1;
```

```
// ldarg.0
stack0_0 = a;
// ldarg.1  (A)
stack1_0 = b;

// add      (B)
stack0_0 = stack0_0 + stack1_0;

// conv.i8  (C)
stack0_1 = stack0_0;

// ldarg.2  (D)
stack1_1 = c;

// add      (E)
stack0_1 = stack0_1 + stack1_1;

// ret
return stack0_1;
```

評価スタックの使われ方を図示すると、図6.2のようになります。

図6.2: What's evaluation stack?

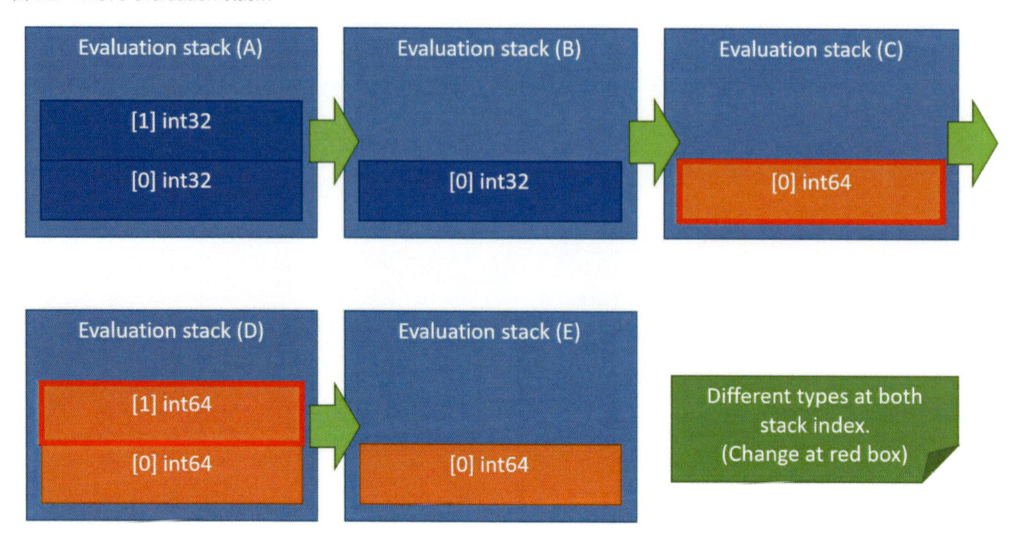


これで、評価スタックをCコードで問題なくシミュレートできたことになります。本稿の前半で示した変換コード（TargetCode.h）が、なぜこれだけ長くなるのかについて理解できましたか？

出力されるコードの問題自体は解決しましたが、IL2Cの変換処理は非常に複雑になります。当初の想定では、リフレクションAPIで取得できるメタデータ情報とILのバイトコードを、逐一Cコードに置き換えるだけでした。

たとえば、メソッドの引数群・戻り値・ローカル変数群の型は、Typeクラスのインスタンスによって直接かつ容易に特定できます。しかし、評価スタックの操作だけは、型が明示的に指定されない（PushやPop時に型指定されない）ため、PushやPop操作を追跡し、どこでどのスタック位置をどのように使っているか、を解析しなければならないのです。

評価スタック解析の方法

ILのバイトコードを上から順に解析するのではなく、評価スタックの操作を追跡して解析しなければならないとすると、実際に仮想計算器が解析を行う挙動を模倣する必要があります。

具体的には、バイトコードのエントリポイント（先頭）から順に解析を行いつつ、

1. OpCodeのPushやPopの操作を追跡する（その際に、Pushされた型を記憶する）
2. ブランチ命令を発見した場合は、ブランチ先を新たなフローとしてキューに保存する
3. ret命令や、解析済みのバイトコードに到達した時点で、そのフロー解析を終了する

という動作を、キューを全て消費するまで繰り返します。ここで重要なのは、評価スタックの使用方法のチェックです。

ブランチ命令によって遷移する先のバイトコードは、すでにフローとして解析済みの可能性があります。その場合、そこから先で使用（Pop）する予定のスタックの型が、ブランチ直前のスタックの型と一致していれば、Cコード上でもまったく同じコードが使用可能であるとみなせます。

しかし、スタックにPushされている値の型が異なる場合、ブランチ元で想定される型で新たにCコードを出力しなければなりません。次のコードは、手動で技巧的なILを構成した例です:

```
// Handmade IL code
.method public hidebysig static
    native int Multiple10 (native int a) cil managed
{
    .locals (
        [0] int32 count
    )

    ldc.i4.s 10
    stloc.0
    ldc.i4.0                // [0] int32   (A)

L_0000:
    ldarg.0                 // [1] native int
    add                     // [0] native int  (B)
```

```
    ldloc.0
    ldc.i4.1
    sub
    stloc.0
    ldloc.0
    brtrue.s L_0000     // (C)

    ret
}
```

OpCodeの"add"命令は、次のような評価スタックの入力を受け付けます（他にもバリエーションがありますが省略します）：

1. int32 + int32 → int32
2. int64 + int64 → int64
3. int32 + native int → native int
4. native int + native int → native int

native intとは、"System.IntPtr"のことです。これは32ビット環境では32ビット値、64ビット環境では64ビット値を保持します。（但し、現在のIL2Cは、まだnative intをサポートしていません）

ここで問題なのは、(B)で計算されるadd命令が、初回は(A)により3)であり、次回以降が4)として処理されることです。こういったコードはC#では書くことができませんが、ILとしては有効です。

上記の判定は、ILのバイトコードをデコードした、静的な情報だけではわからないため、フローを解析し、

1. 最初のフローで(A)によって、スタック[0]位置がint32として扱われていること
2. (C)のブランチによってL_0000へ遷移する新たなフローが発生し、かつ、その際のスタックの使用状況がint32→native intと変わっていること
3. (C)のブランチが条件を満たさない場合の、後続のフローが存在すること

を判断し、特に2．によって、「似たような、しかし異なるCコードを生成する必要」を判断します。

フローと評価スタックの関係を図示すると、図6.3のようになります:

図6.3: Flow analysis

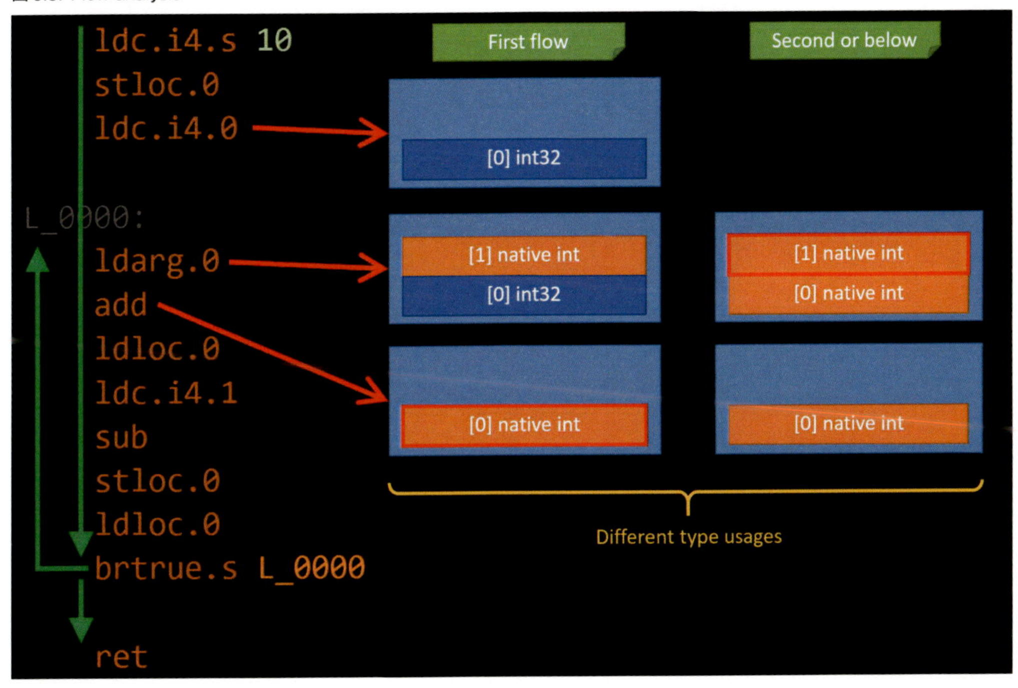


結果として、次のようなCのコードを出力します:

```
intptr_t Multiple10 (intptr_t a)
{
    int32_t count;

    int32_t stack0_0;
    intptr_t stack0_1;
    int32_t stack1_0;
    intptr_t stack1_1;
    int32_t stack2_0;

    stack0_0 = 10;
    count = stack0_0;

    stack0_0 = 0;

    stack1_1 = a;
    stack0_1 = stack0_0 + stack1_1;      // (D)

    stack1_0 = count;                    // ---+
    stack2_0 = 1;                        //    |
```

```
    stack1_0 = stack1_0 - stack2_0;      //    |
    count = stack1_0;                    //    | (F)
                                         //    |
    stack1_0 = count;                    //    |
    if (stack1_0 != 0) goto L_0000       //    |
                                         //    |
    return stack0_1;                     // ---+

L_0000:
    stack1_1 = a;
    stack0_1 = stack0_1 + stack1_1;      // (E)

    stack1_0 = count;                    // ---+
    stack2_0 = 1;                        //    |
    stack1_0 = stack1_0 - stack2_0;      //    |
    count = stack1_0;                    //    | (F)
                                         //    |
    stack1_0 = count;                    //    |
    if (stack1_0 != 0) goto L_0000       //    |
                                         //    |
    return stack0_1;                     // ---+
}
```

(D)と(E)によって、スタック[0]に想定される型が異なるのがわかりますか？C言語では、ローカル変数に型を指定しなければなりません。同じスタック位置でも異なる型を必要とする場合は、その変数を使用する全ての箇所で、ソースコードを再生成する必要があります。

但し、(F)の部分は完全に同一なので、ラベルとgotoを駆使することで共通化できる可能性があります。(現在のIL2Cはその検知を行っていません。判定は複雑ではなさそうですが、難易度は高いと思います。また、ただgotoで遷移させただけだと、可読性が極端に低下する可能性があります)

なお、この技巧的なILをILSpyにかけると、次のようなC#コードが得られました（誤っています)。IntPtrをintと同等と暗黙に想定しているところが惜しいですね。気持ちはわかります :)ちゃんとループブロックを解析して、do-whileに変換しているのは凄いです。

```
public static IntPtr Multiple10(IntPtr a)
{
        int count = 10;
        int arg_05_0 = 0;
        IntPtr expr_05;
        do
```

```
        {
                expr_05 = (IntPtr)(arg_05_0 = (int)((IntPtr)arg_05_0
+ a));
                count--;
        }
        while (count != 0);
        return expr_05;
}
```

フロー解析をまとめると、IL内での評価スタックの使われ方を解析して、評価スタックのスロットにどんな型を想定しうるかを調べます。そして、その情報を元に、完全に静的に定める必要のあるC言語向けに、型ごとのコード生成を行っています。

### ガベージコレクタの実装

CLRにしろ他の処理系にしろ、ガベージコレクタの実装と言うのは話題に事欠きません。システムレベルプログラミングを実現する処理系では、ガベージコレクションとどのように折り合いをつけるのか、あるいはいっそサポートしないのか、という判断が難しい点です。

.NETはもちろん、ガベージコレクションが行われることを前提としています。私たちは、newされたインスタンスがどのように破棄されるのか感知していませんが、その結果として、シンプルで安全な処理の記述が可能です。しかし、処理系やランタイムの実装にその負担がのしかかってきます。IL2Cも例外ではありません。

IL2Cの設計方針として、予測可能性を挙げました。対象が.NETである限り、何らかの自動ガベージコレクション処理から逃れることは出来ませんが、以下のように予測可能性を向上させることは出来ます:

1. ガベージコレクションに関係のない機能を使うのであれば、ガベージコレクションを考慮する必要が無いように出来る。

   私達が書くC#コードから、一切のオブジェクト参照操作を除外できるなら、ガベージコレクションをサポートする追加のコードを含まないように出来る（理論上は）。

2. ガベージコレクションの操作をできるだけシンプルにする。

   誰もが理解できるような、簡単なアルゴリズムを使う。これは、プラットフォーム依存の複雑な最適化を行わないことで、同時に移植性にも寄与すると考えられます。

#### 手法の検討

ガベージコレクションの手法は、細部まで考えると様々です。大きく以下のような手法に分類されます:

1. マークアンドスイープ

   ある時点で「使用中」のインスタンスにマークを付け、マークの付いていないインスタンスを破棄します。どうやって、使用中であるかを確認することが課題となります。

2. マークアンドコンパクト

マークアンドスイープで、マークを付けると同時に、空き領域を詰めていきます。ヒープの空き領域断片化を解消できますが、メモリ移動のためのコストが高くつく可能性があります（そしてしばしば問題になる）。また、移動する対象を効率よく選択できる（但しヒープ容量に制限がある）、マークアンドコピーという手法もあります。

3. 参照カウント法

インスタンスそれぞれに参照されている数をカウンタとして保持し、カウンタが0になるときに破棄します。参照の追加と削除のたびにカウンタを操作する必要があるため、コードの規模に応じて管理コストが増大しやすいが、実装はシンプルになります。Windowsにおける COM がこの方法で管理を行っています。

### 選択とその理由

IL2Cの以下の目標に近いという理由で、マークアンドスイープで実装します:

1. 予測可能性

マークアンドスイープはかなりシンプルなアルゴリズムです。今日のガベージコレクタがどのように実装されているのか、専門的な知識が無くても、おそらく理解できるでしょう。本節でも解説します。

2. 移植性

マークアンドスイープはヒープ自体の管理を行いません。つまり、ヒープを自動的に圧縮して空き領域の断片化を解消することは出来ません。しかし、ヒープの管理は単純な「メモリ確保」と「メモリ解放」に集約されます。つまり、極端な話、malloc()とfree()があれば、実装できるということです。

参照カウント法も、シンプルで魅力的な選択肢です。しかし、参照カウント法には、循環参照を簡単に解決できないという深刻な問題があります。循環参照状態のインスタンスを回収出来るようにするためのアルゴリズムも研究されていますが、シンプルにするつもりだったのが、結局複雑な実装になるのでは意味がないと考えて除外しました。

### マークアンドスイープの実現方法

マークアンドスイープのアルゴリズムをまとめておきます。マークアンドスイープは、以下の3つのフェーズから成り立ちます:

1. 全ての管理中のインスタンスのマーク（フラグ）をクリアしておく。これは、コードがそのインスタンスを使用中かどうかにかぎらず、全ての確保済メモリが対象です。つまり、malloc()で確保されたメモリ全てにマークをつけることが出来て、予めそのマークをクリアしておきます。
2. 全ての使用中のインスタンスにマークを付けます。「使用中」である、ということをどのように判定するのかが最大のポイントです。

3. 上記の処理の結果、マークの付いていないインスタンスを解放します。マークが付いていないと言うことは、malloc()で確保されたメモリでありながら、現在はどこからも使用されてないという事です。

この様子を図で示します。

図6.4: Mark and sweep GC

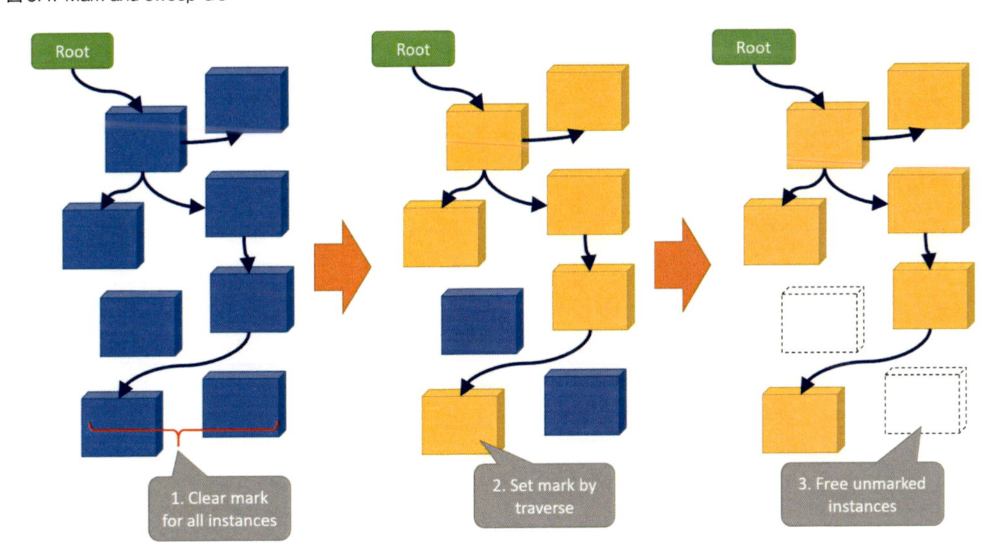


使用中かどうかは、上図のように"Root"からリンクリストを辿って到達可能かどうかで判断します。リンクリストを辿る経路は2つあります。

1. スタックフレームの底から、現在のスタックフレームまでに存在する、オブジェクト参照を保持するローカル変数を検査するルート
2. クラス又は構造体内に存在するオブジェクト参照を検査し、再帰的に探索するルート

これをもう少し詳細に示すと、図6.5のようになります。

図 6.5: How to traverse object references

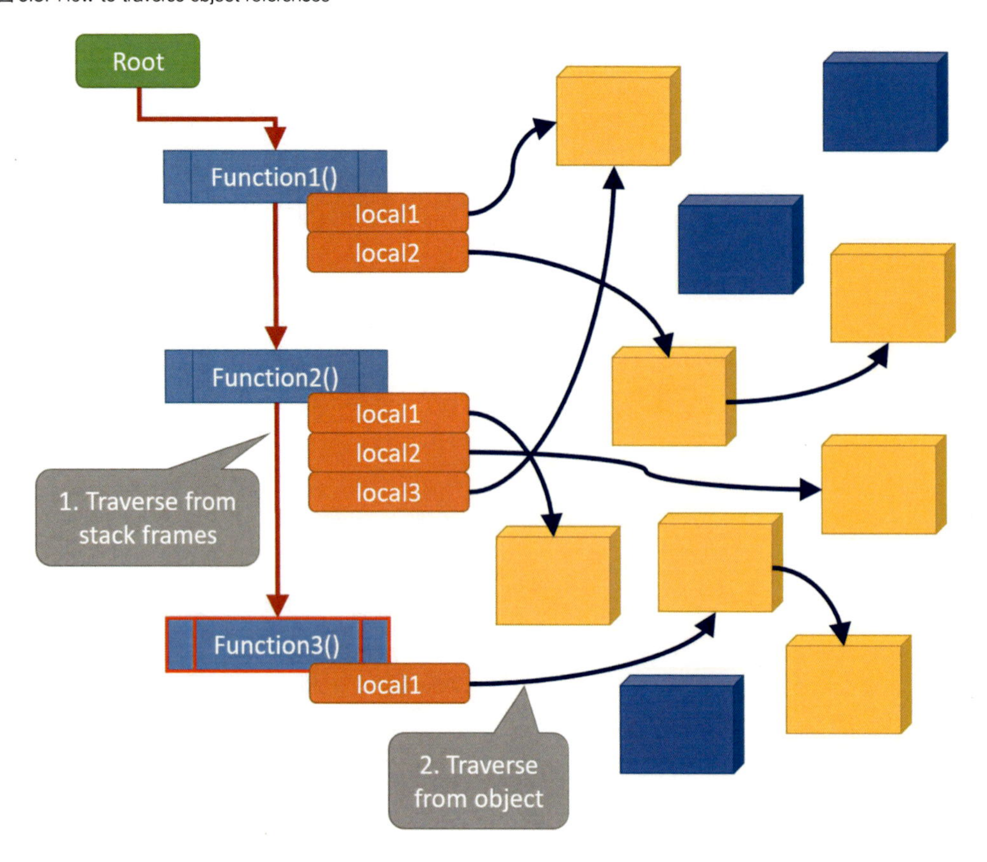


現在実行中の位置を、Function3()の内部とします。ここまでに、Function1()とFunction2()のネストされた呼び出しを経過しているものとします。

Rootはスタックフレームの底（現在のスレッドのスタックの底）となり、そこからスタックフレームを上りながら（図では下方向）、各スタックフレームのローカル変数を検査して、オブジェクト参照を追跡します。インスタンスが存在した場合は、そのインスタンス内のオブジェクト参照も再帰的に検査する必要があります。

アルゴリズム全体はそれほど複雑ではありません。問題はこれをC言語でどのように実現するか、です。最大の問題は、C言語にてスタックフレームがどのように扱われるのかは処理系依存のため、バイナリレイアウトの知識は仮定できないという事です。

例えば、VC++やgccの特定のバージョンにて、更にx86やx64と言ったアーキテクチャ固有の実装を仮定すれば、C言語の関数呼び出しによってスタックフレームがどのようにメモリ上に配置されているのかという予測ができます。その知識を使えば、現在のスタックポインタから、ローカル変数の物理的な位置を特定する（つまり、特定のローカル変数へのアドレスを入手する）事が出来ます。あとはそのアドレスに、オブジェクト参照（IL2Cでは構造体へのポインタ）が格納されているかどうかを検査すれば、目的は達成できます。

しかし、この手法は、他のプラットフォームやアーキテクチャへの移植を個別に行う必要があります。何故なら、スタックフレームのバイナリレイアウトは、C言語の処理系依存であるからです。

幸い、IL2Cはメタデータにアクセスして構造を細かく判断できるため、この情報を使って以下のようなコードを出力します。

元のC#コード:

```
public static int Test4()
{
    var hoge3 = new ClassTypeTestTarget();
    hoge3.Value2 = 456;

    return hoge3.Value2;
}
```

変換後のCコード（抜粋）:

```
int32_t il2c_test_target_ClassTypeTest_Test4(void)
{
    il2c_test_target_ClassTypeTestTarget* local0 = NULL;
    int32_t local1;

    il2c_test_target_ClassTypeTestTarget* __stack0_0 = NULL;
    int32_t __stack0_1;
    int32_t __stack1_0;

    struct /* __EXECUTION_FRAME__ */                                       ---+
    {                                                                         |
        __EXECUTION_FRAME__* pNext;                                           |
        uint8_t targetCount;                                                  |
(A)
        il2c_test_target_ClassTypeTestTarget** plocal0;                       |
        il2c_test_target_ClassTypeTestTarget** p__stack0_0;                   |
    } __executionFrame__;                                                  ---+

    __executionFrame__.targetCount = 2;                                    ---+
    __executionFrame__.plocal0 = &local0;                                     |
(B)
    __executionFrame__.p__stack0_0 = &__stack0_0;                             |
    __gc_link_execution_frame__(&__executionFrame__);                      ---+

    __il2c_test_target_ClassTypeTestTarget_NEW__(&__stack0_0);
```

```
    local0 = __stack0_0;

    // ...

    __stack0_1 = local1;
    __gc_unlink_execution_frame__(&__executionFrame__);          ---+
(C)
    return __stack0_1;
}
```

(A)の部分は、スタックフレームをC言語のコードとして定義している部分です。これは、ネイティブコードのスタックフレームレイアウトを「模倣していません」。前述の通り、スタックフレームの構造は処理系依存なので、バイナリレイアウトを模倣しても仕方がありません。この構造体は、出来るだけ低コストでスタックフレームと同じような事を実現するための、独自の構造体です。IL2Cでは、この構造を「論理スタックフレーム」と呼びます。

また、(B)の部分は、この構造体を初期化して、論理スタックフレームを構築します。追跡しなければならないオブジェクト参照が格納されるローカル変数へのポインタと、その数を保持します。追跡対象はあくまでオブジェクト参照に対応する型のみです。Int32などの型は追跡する必要が無いため、この構造体には含まれません。

最後に、__gc_link_execution_frame__()を呼び出すことで、前図の1に相当するリンクリストが形成されます。これで、いつでもガベージコレクタが追跡検査できるようになりました。

同様に、この関数を抜けるときには、__gc_unlink_execution_frame__()を呼び出して、リンクリストを解除する必要があります(C)。解除しておかないと、関数を抜けた瞬間に（本物の）スタックフレームが全てゴミと化すので、この瞬間にガベージコレクションが実行されると、不正なデータを参照してしまいます。

従って、論理スタックフレームの構築と解除は、間違いなく実行されなければなりません。通常は、IL2Cが自動的に生成するため問題になりませんが、人間がIL2Cを介さずにメソッドを実装しようとする場合は難易度が高いため、IL2Cを使用する上でのトレードオフとなります。

### オブジェクト参照の構造

ガベージコレクションの実装は、il2c.cに含まれる__gc_collect__()関数から始まる一連の処理で実現されています。ここではその詳細を示しませんが、低密度な実装で300行未満のコードであり、マークアンドスイープの、3つのフェーズ毎に関数を分けてあるので、理解は容易でしょう。

"Root"となる論理スタックフレームの端点と、全てのインスタンスを接続するリンクリストの端点は、以下のグローバル変数で定義されます:

```
static __EXECUTION_FRAME__* g_pBeginFrame__ = NULL;
static __REF_HEADER__* g_pBeginHeader__ = NULL;
}

"__REF_HEADER__"構造体は、全てのオブジェクト参照インスタンスが持っているヘッダ構造体です。このオブジェクト参照の構造だけ、ここで触れておきます。

//emlist{
typedef void(*__MARK_HANDLER__)(void*);

struct __REF_HEADER__
{
    struct __REF_HEADER__* pNext;
    __MARK_HANDLER__ pMarkHandler;
    interlock_t gcMark;
};
```

__REF_HEADER__構造体は、クラス構造体の前方に配置しています。C言語構造体でよく使われるテクニックとして、そのヘッダ構造をポインタの前方に配置することで、本来の構造体に直接アクセス出来て、ヘッダ情報を隠蔽する事ができる手法を使っています。

図6.6: __REF_HEADER__ strcuture

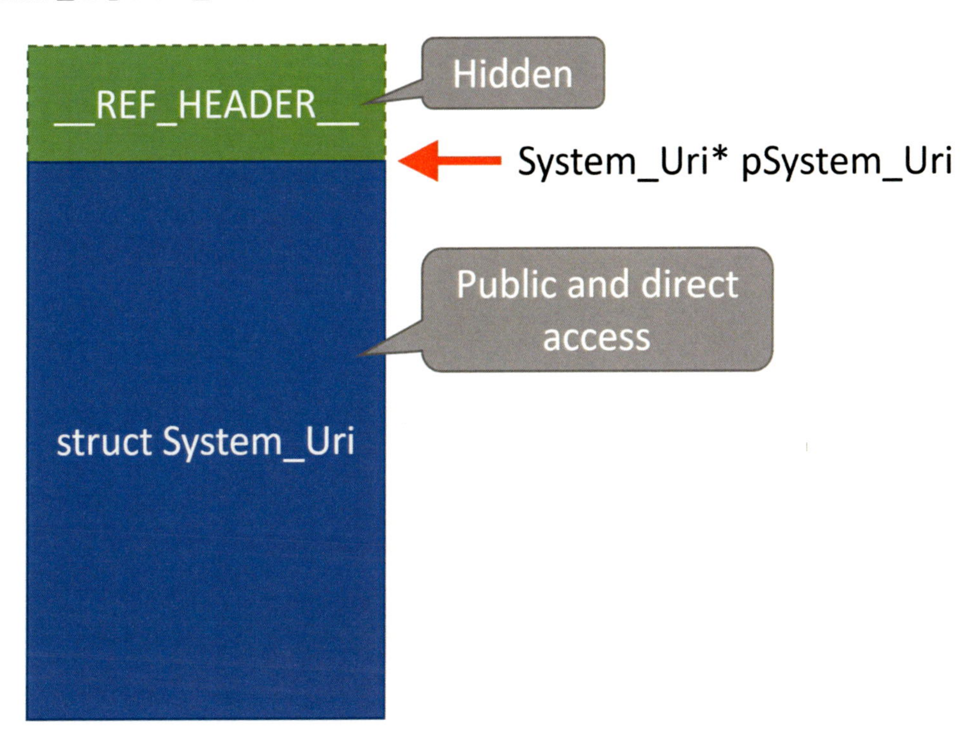

図のように、クラスのメンバにアクセスする場合は、ポインタから直接クラスの構造体を使うことが出来ます。

このようなテクニックを使用するもう一つの利点として、クラスに対応する構造を、いつでも「値型」として再利用することが出来るようになります。今はまだ実装していませんが、ILのフロー解析を使用した結果、特定のオブジェクト参照の扱いがメソッド内で完結していることがわかった場合、オブジェクト参照の代わりに値型のように扱うことで、ヒープメモリを使用せずに、実行効率を向上させることが出来ます。その際、ヘッダ構造を含まない構造体の型が定義されていると、実現に有利です。

"__MARK_HANDLER__"は、クラスからオブジェクト参照を再帰探索（してマークを付ける）ために使用します。クラスの構造体内のどこにオブジェクト参照が含まれているのかは、C言語ではリフレクションが無いためわかりません。__MARK_HANDLER__に格納される関数へのポインタによって、その関数が代わりにオブジェクト参照の検査とマーク付けを実行します。

この関数も、IL2Cによって自動的に生成されます:

```
void __il2c_test_target_ClassTypeTestTarget_MARK_HANDLER__(void*
pReference)
{
    __TRY_MARK_FROM_HANDLER__(
        ((il2c_test_target_ClassTypeTestTarget*)pReference)->OR2);
    __System_Object_MARK_HANDLER__(pReference);
}
```

__TRY_MARK_FROM_HANDLER__()マクロは、引数で指定されたフィールドにオブジェクト参照（ポインタ）が含まれていた場合は、そのインスタンスを再帰的に探索します。検査しなければならないフィールドが複数定義されている場合は、それぞれのフィールドに対応する定義が出力されます。

最後に、そのクラスの基底クラスの__MARK_HANDLER__に相当する関数（上の例ではClassTypeTestTarget -> System.Object）を呼び出し、全てのフィールドが検査されることを保障します。

クラスの継承関係をCで表現する

ここまでのガベージコレクタの解説で、暗黙に仮定している前提があります。それは、クラスの継承関係（による構造）を、C言語の構造体でどのように実現するのかと言うことです。

C++であれば、クラスの継承関係をC++のクラスを直接使って表現することも可能です（完全にフィットしないかもしれませんが)。C言語の場合、2通りの方法が考えられます:

1. 構造体のインスタンスをネストして持つ

```
struct FooBase
```

```
{
    int64_t value1;
}

struct BarDerived
{
    struct FooBase base;
    int32_t value2;
}
```

この場合、BarDerivedからvalue1にアクセスするには、"bar->base.value1"のように式を生成する必要があります。

2．継承関係にある全てのメンバを展開する

```
struct FooBase
{
    int64_t value1;
}

struct BarDerived
{
    int64_t value1;    // Derived field
    int32_t value2;
}
```

一見すると、FooBaseとBarDerivedは無関係のように見えますが、バイナリレイアウトは上位互換となります。また、こちらのほうが、各メンバへのアクセスはより自然に記述できます。そして、式生成時にベースクラスへの展開を計算する必要がありません。但し、メンバー名が重複する場合の回避方法を考える必要があります。

強い理由があるわけではありませんが、現在のIL2Cは後者の方法を使用しています。元々C言語の場合、継承関係が存在しないことと、どちらの方法でもポインタのキャストを避けることが出来ないという理由です。

__TRY_MARK_FROM_HANDLER__()でも、メンバフィールドへのアクセスは比較的読みやすい実装になっています。また、基底クラスの__MARK_HANDLER__を呼び出す場合も、単にオブジェクト参照に対応するポインタを渡すだけで済みます。

```
__TRY_MARK_FROM_HANDLER__(((BarDerived*)pReference)->value2);
__FooBase_MARK_HANDLER__(pReference);
```

__MARK_HANDLER__の定義:

```
typedef void(*__MARK_HANDLER__)(void*);
```

により、引数をそのクラスのポインタではなく、void*としなければならないことも遠因です。

P/Invokeの実現

.NETでP/Invokeと言えば、ダイナミックリンクライブラリ（*.dllや*.soなど）をロードして、ネイティブコードを.NETから直接操作できる機能[8]でしょう。

.NETにおいて、外部リソースを扱うコードは殆どこのP/Invokeを使用して、ネイティブコードと通信を行います。

例えば、以下のようなWin32 API:

```
#include <windows.h>

DWORD WINAPI GetCurrentProcessId(void);
```

は、以下のようなC#のコードを記述することで、直接呼び出すことが出来るようになります:

```
[DllImport("kernel32.dll")]
public static extern uint GetCurrentProcessId();
```

"DllImport"属性は、このメソッドがどのライブラリに定義されているかを示していて、この場合はkernel32.dll内の同名のネイティブAPIを呼び出します。この例ではuintが戻り値として返るだけで引数がありませんが、引数群を指定することも可能です。

P/Invokeは、.NET技術者には馴染みが深いもので、「P/Invokeでネイティブコードを呼び出す」と言えば、どのように実現するのかは周知されていると言っても良いでしょう。これは是非IL2Cでも使えるようにしたいですね。

IL2Cにおいては、コードがC言語に変換されることを考えると、ダイナミックリンクライブラリとの橋渡しを行うよりも、C言語のレベルでの結合が行えたほうがいろいろな面で都合が良いでしょう。例えば、Arduinoを例に取ると、Arduinoで一般的に使われる関数、"digitalRead()"や"digitalWrite()"を、P/Invokeと同じ記法またはそれに類する記法で記述出来れば、「C#でも、P/InvokeでArduinoの関数が呼び出せるよ」と説明するだけで、既存の技術者はすぐに使い始めることが出来るでしょう。

8.詳細はMSDNを参照して下さい: http://bit.ly/2zEVNIU

### ダイナミックリンクライブラリを対象としない

P/InvokeをIL2Cで実現させるにしても、前節のようにダイナミックリンクライブラリを対象としたものにしないほうが良いと思われます。ArduinoのdigitalWrite()を考えてみます:

```
public class Arduino
{
    [DllImport("Arduino.h", EntryPoint="digitalWrite")]
    public static extern void DigitalWrite(byte pin, byte val);
}
```

このような記法で定義出来れば、大体の要求は満たせそうです。大きく異なるのは、DllImport属性に指定するライブラリ名をヘッダファイル名として扱うことでしょう。

Arduinoが分かりやすいので取り上げていますが、Arduinoの世界には「ダイナミックリンクライブラリ」という概念は存在しません。Win32やLinuxをターゲットにするならありえなくもないのですが、IL2Cを使うという状況を想定して、ここではわざとファイル名の解釈を変えてしまいます[9]。

他に考えられることとして、使用するライブラリファイル（*.libや*.aなど）を指定できるようにしたほうが良いかもしれません。

ライブラリファイルをDllImportに指定することも考えられますが、関数を使用する際のプロトタイプ宣言は必須であるので、その定義をインポートするためのヘッダファイルの指定が、ライブラリファイルの指定よりも優先されると考えられます[10]。

ちょっと変則的ではありますが、このようなルールでP/Invokeを変換すると、以下のようなコードが得られます:

```
#include <Arduino.h>

// ...

void il2c_test_target_Arduino_DigitalWrite(uint8_t pin, uint8_t val)
{
    digitalWrite(pin, val);
}
```

P/Invokeの外部となる関数が定義され、その中からネイティブAPIの関数が呼び出されます。そうではなく、直接digitalWrite()を呼び出すようにマップすることも出来たのですが、以下の課題に対処するための「クッション」が必要となると思われたため、このように変換され

---

9. 実際にDllImport属性に*.dllや*.soではないファイル名を与えても、現在のC#コンパイラはエラーや警告を発生させません。残念ながら、DllImport属性を適用しないと警告が発生してしまうため、独自のカスタム属性を定義することは出来ませんでした。

10. 当面このままとしますが、ライブラリファイルを指定させたくなった場合は、追加のカスタム属性を用意して指定できるようにする事を考えます。

ます。

課題とは、引数や戻り値に対するマーシャリング操作です。例えばdigitalWrite()の場合は、引数はbyte（uint8_t）です。

プリミティブ型については、P/Invokeの用語で「Blittable型」と呼ばれており、つまり、メモリのコピーだけで済む型のことです[11]。

1バイトの形式は、.NETマネージドの世界でも、C言語ネイティブの世界でも全く扱いが変わらないため、値のコピー（ここでは単に引数をそのまま渡している）だけで呼び出しが可能です。

では、値のコピーだけでは済まないパターンとは何でしょうか？ 非Blittable型の例として、System.Stringが挙げられます。

文字列はBlittableではありません。文字列ほど、C言語の世界で多様な表現を要求されるものは無いでしょう。char*は言うに及ばず、WindowsであればUTF-16LEをネイティブで扱うwchar_tや、COMで扱うBSTRなどがあります。char*ではなく、char**を要求するかもしれませんし、NULLターミネーションされず、文字数をサイドバンドで要求するかもしれません。char*はエンコーディングには言及しないため、もしかすると文字コード変換も必要かもしれません。

以下は、文字列のマーシャリングの概念例です。IL2Cはまだ文字列を扱っていないため、あくまで概念を示すコードであることに注意して下さい:

```
// The prototype of debugWrite() API
extern "C" void debugWrite(const char *);

// ...

void il2c_test_target_PInvokeTest_DebugWrite(System_String message)
{
    // Can’t pass through from System_String argument.
    // Insert marshaling code: extract raw string pointer from
System_String.
    debugWrite(message.__pString);
}
```

引数messageは直接渡すことが出来ないため、System_String構造体から文字列の生ポインタを取得するコードが挿入されます。これがマーシャリングコードです。

同様に、非常に難易度の高いマーシャリング対象に、デリゲートのマーシャリングがあります。デリゲートもまだ扱っていないため方針を決めていませんが、デリゲートを渡すということ

11.詳細はMSDNを参照して下さい。但しこの資料はあくまでダイナミックリンクライブラリで公開されるAPIの呼び出しに関して言及しているため、C言語のソースコードレベルでも同様の判断ができるかどうかは精査する必要があります: http://bit.ly/2kgDLtH

とは、コールバック関数へのポインタとして表現される必要があります。しかも、そのコールバック関数も引数や戻り値を持っているため、これらもマーシャリングされなければなりません。恐らく、型レベルで再帰的に解決する必要があるでしょう。

P/Invokeを実用レベルにまで高めるには、マーシャリングの柔軟性を確保する必要があります。

この節を執筆中には、まだP/Invokeのマーシャリングは出来ていないも同然のため、今後埋めていく部分です。P/Invokeが実用レベルに達すれば、様々なネイティブライブラリと結合出来る道が開けるため、マイナーなプラットフォームなどでもすぐにIL2Cを使って.NETで開発できるようになるでしょう。

## 6.6 IL2Cの展望

ここまでの状態で、IoTデバイスであるmicro:bitを使って、mbedオンラインコンパイラに変換結果を食わせて動かしました。と同時に、Arduinoでも動かしました。この様子は、YouTube: IL2Cをmicro:bitで動かす #8[12]で公開しています。

きちんと極小デバイスで動くところを見ると、取り組んだ甲斐があったというものです。

また、2017.10.7に開催された「.NET Conf 2017 Tokyo」においても、Unpluggedセッションで本稿を要約した内容で解説しました。これも、#6-28 として録画が公開[13]されています。

この原稿で参照したコードから更に作業が進んでいますが、2017.12.16に開催された「dotNET 600」にて、IL2Cで変換したCコードをWDMに載せ、カーネルモードのドライバとして動作させるデモを行いました。この様子は #6-51 として公開[14]しています。(図6.7)

12.https://youtu.be/CvWOtKnW9Tg

13.https://youtu.be/X24GXu7h5Ks

14.https://youtu.be/TNm3tA0B2iM

図6.7: dotnet 600 conference

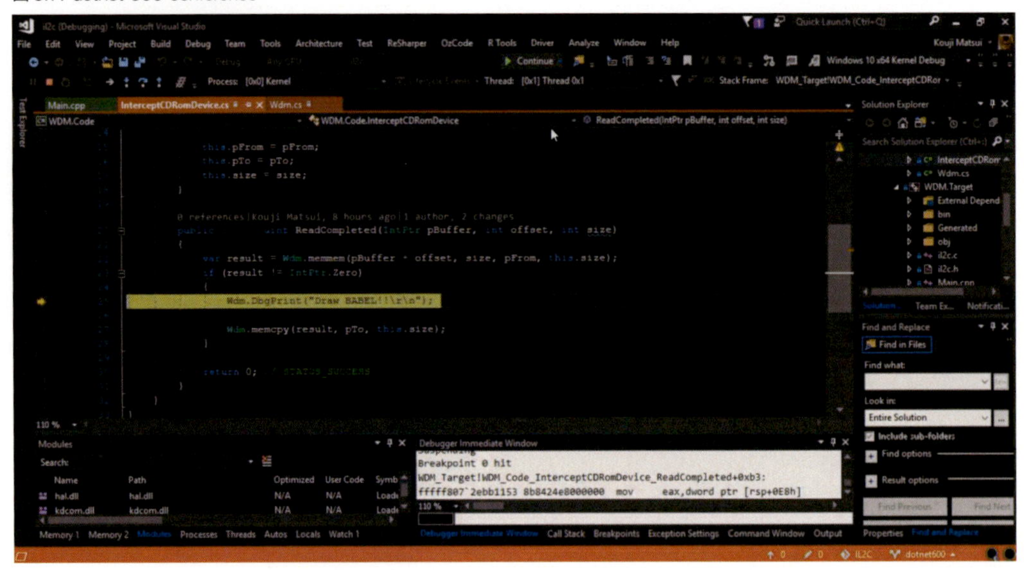


では、残る課題をまとめておきます:

1. 残りのプリミティブ型・列挙型・文字列・文字・アンマネージポインタ
2. スレッディング・ランタイムライブラリ（どこまでサポートするか）
3. 全てのOpCodeの網羅
4. ALM案件: ライブラリ化可能単位・MSBuildと単体ツール化・マルチプラットフォーム向けビルド手法の検討・CI可能性
5. 主要IDE対応・デバッガ対応
6. 自動化テスト手法・出力コードの評価
7. 出力コードの質の向上

概ね、番号順に重要度が高いと考えています。特に相互運用性を考えると、文字・文字列やアンマネージポインタを早く実現したいところです。そうすれば、全てをC#で賄わなくても、既存のCライブラリと結合して、応用の幅を広げることができます。

## 6.7 まとめ

本稿では、なぜIL2Cを始めたのか、また、焼き直しではないとしたら着地点はどこなのかを明らかにしつつ、現在までの実装でハイライトとなった点を記載しました。

もしかすると、日標の設定や検証の過程から、IoTデバイスのような極小デバイスにフォーカスしているように思えるかもしれません。しかし、本当の目標は「互換性を重視した、コントローラブルなコード変換」に尽きます。

引き続き、設計と実装の完全録画公開を続けていきますので、興味を持たれましたらコメントをお願いします。また、GitHubでのissueやPRなどを歓迎します。

著者紹介


### 榎本 温（えのもと あつし）

.NETはオープンソースで実現すべきと思ってMonoの開発に参加していつの間にか15年。エイプリルフールのジョークだった「マイクロソフトで働くことになりました」の状態に今でも馴染まない不良会社員です。
卒業して音楽ソフトで遊んで暮らすのが目下の望み。

### 杉田 寿憲（すぎた としのり）

1988年6月7日生まれ。freee株式会社勤務。
前職のSIerでは企画・営業を担当していたが、思うところがありエンジニアに転職。
2018年からパラレルキャリアはじめました。Xamarinなどのお仕事お待ちしてます！

### 中村 充志（なかむら あつし）

1976年1月22日生まれ。金融系エンタープライズ一直線のSIer育ちのアーキテクト。JavaからC#を渡り歩く。
趣味で作ったAndroidアプリをiOSへ移植しようとXamarinと出会う。でも結局アプリは作っていない。
現在の悩みは、Xamarin案件がなかなか獲得できないこと。だれかXamarinの金融案件ください。

### 平野 翼（ひらの つばさ）

1988年9月16日デビュー。株式会社ライフベア勤務。
Macが幅をきかせる映像制作の現場においてC#を武器に闘った結果、道を踏み外す。
おいしいものを食べたり飲んだりして、適当に写真を撮ったり映像を作ったりして生きていきたい。
Macはそれなりに好き。

### 久米 史也（くめ ふみや）

1998年1月16日生まれ。大同大学情報学部2年生
Windows 98 と同じ年生まれ。モバイルデバイスとモバイルアプリが大好きです！最近は関数型プログラミングを触り始めてます。
寿司と肉が好き。

### 松井 幸治（まつい こうじ）

1972年4月2日生まれ。組み込み7年実務後、ベンチャーやオープン系で業務をこなし、リーマンショックを機に独立。
ハード設計・アセンブラから関数型プログラミング・アジャイルメンターなど幅広く手がけましたが、近年は再び基礎技術に集中しつつあります。
ブルベ方面ロードバイク乗り。かわいいもの好き。



◎本書スタッフ
アートディレクター/装丁：岡田章志＋GY
表紙イラスト：高橋満智子
編集協力：飯嶋玲子
デジタル編集：栗原 翔


**●お断り**
掲載したURLは2018年2月9日現在のものです。サイトの都合で変更されることがあります。また、電子版ではURLにハイパーリンクを設定していますが、端末やビューアー、リンク先のファイルタイプによっては表示されないことがあります。あらかじめご了承ください。


**●本書の内容についてのお問い合わせ先**
株式会社インプレスR&D　メール窓口
np-info@impress.co.jp
件名に「『本書名』問い合わせ係」と明記してお送りください。
電話やFAX、郵便でのご質問にはお答えできません。返信までには、しばらくお時間をいただく場合があります。なお、本書の範囲を超えるご質問にはお答えしかねますので、あらかじめご了承ください。
また、本書の内容についてはNextPublishingオフィシャルWebサイトにて情報を公開しております。
http://nextpublishing.jp/

●落丁・乱丁本はお手数ですが、インプレスカスタマーセンターまでお送りください。送料弊社負担に てお取り替えさせていただきます。但し、古書店で購入されたものについてはお取り替えできません。
■読者の窓口
インプレスカスタマーセンター
〒 101-0051
東京都千代田区神田神保町一丁目 105番地
TEL 03-6837-5016／FAX 03-6837-5023
info@impress.co.jp
■書店／販売店のご注文窓口
株式会社インプレス受注センター
TEL 048-449-8040／FAX 048-449-8041

技術の泉シリーズ

# Extensive Xamarin　―ひろがるXamarinの世界―

2018年2月9日　初版発行Ver.1.0（PDF版）
2019年4月5日　Ver.1.1

著　者　榎本 温,杉田 寿憲,中村 充志,平野 翼,久米 史也,松井 幸治
編集人　山城 敬
発行人　井芹 昌信
発　行　株式会社インプレスR&D
〒101-0051
東京都千代田区神田神保町一丁目105番地
https://nextpublishing.jp/
発　売　株式会社インプレス
〒101-0051　東京都千代田区神田神保町一丁目105番地



印刷・製本　京葉流通倉庫株式会社
Printed in Japan

ISBN978-4-8443-9810-3

NextPublishing®
●本書はNextPublishingメソッドによって発行されています。
NextPublishingメソッドは株式会社インプレスR&Dが開発した、電子書籍と印刷書籍を同時発行できるデジタルファースト型の新出版方式です。 https://nextpublishing.jp/